지구를 살리는 20가지 질문

Originally published in French as:
Tout comprendre (ou presque) sur le climat
by Bonpote, Anne Brès & Claire Marc

지구를 살리는 20가지 질문
우리가 알아야 할 기후변화의 모든 것

초판 1쇄 발행 2024년 7월 25일

지은이 **봉포트·안 브레스** | 그린이 **클레르 마르크**
기획 **장프랑수아 두생** | 서문 **발레리 마송델모트** | 옮긴이 **권지현**
펴낸이 **임경훈** | 편집 **김민영**

펴낸곳 **롤러코스터** | 출판등록 제2019-000296호
주소 서울시 마포구 월드컵북로 400 서울경제진흥원 5층 17호
이메일 book@rcoaster.com | 전화 070-7768-6066 | 팩스 02-6499-6067

ISBN 979-11-91311-45-7 03450

롤러코스터
Rollercoaster
Press

지구를 살리는 20가지 질문

우리가 알아야 할 기후변화의 모든 것

봉포트·안 브레스 지음 | 클레르 마르크 그림
권지현 옮김

차례

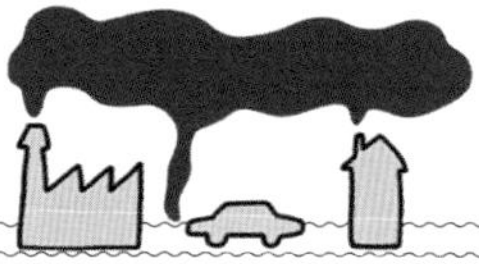

45
15
30

서문

최근 수십 년 동안 이루어진 기후 과학 연구는 과거에 발생한 급격한 기후변화와 기후 시스템, 현재 진행 중인 기후변화를 더 잘 관찰하고 이해하게 해주었고 앞으로 일어날 기후변화까지 엿보게 해주었습니다. 프랑스 국립과학연구소의 과학자들도 국제적인 차원에서 이러한 성과에 이바지했습니다.

그동안 쌓인 과학 지식을 통해 현재의 기후변화는 과거에 자연적으로 발생한 기후변화와는 그 속도와 규모 면에서 차이가 있음이 분명히 밝혀졌고 인간의 활동이 지구온난화에 영향을 미쳤음을 명백하게 보여줍니다.

다양한 기후변화(점진적인 변화뿐 아니라 극심한 이상기후까지)에 이미 피해를 입지 않은 지역이 없습니다. 그것이 생태계와 인간 사회에 미치는 영향도 점점 더 드러나고 있고요.

앞으로 지구온난화가 얼마나 진행될지에 따라 기후변화의 규모가 결정될 뿐만 아니라 심해, 빙하, 그린란드와 남극의 빙모, 해수면 상승 등 장기간에 걸쳐 나타날 가혹한 피해의 규모도 정해질 것입니다.

기후변화의 주범인 온실기체 배출을 크게 줄인다면 몇십 년 뒤에는 지구온난화를 제어할 수 있습니다. 기후와 관련된 위험은 무엇보다 온난화의 속도와 규모 그리고 영향에 따라 달라지기 때문입니다. 예측하기 힘들거나 발생 가능성이 낮은 기후 현상의 출현 빈도도 변수가 됩니다. 또한 우리가 지구온난화의 영향을 얼마나 예측할 수 있느냐도 중요합니다. 그에 따라 위험에 노출될 가능성이나 취약성을 고려해서 위험 관리와 적응 전략을 세우기 때문입니다. 한편 기후 관련 정책의 부수적 피해로 적응 불능, 불평등 심화, 생태계 및 생물다양성 파괴 등 또 다른 위험이 발생할 수도 있습니다.

기후 과학 지식은 다양한 연구 분야에서 유래했습니다. 우리는 그 지식을 미래를 위한 다양한 계획의 효과와 위험 요소를 알아내는 데 쓸 수 있습니다. 또 그 지식을 바탕으로 회복 탄력성이 높고, 지속 가능하며 포괄적이고, 생물다양성을 보전하면서도 온실기체 배출을 빠르게 줄일 수 있는 행동 전략을 세울 수도 있습니다.

이에 필요한 변화와 전환의 규모, 행동의 선택은 사회 전체에 큰 논의를 불러일으킵니다. 대중의 만남과 토론이 열릴 때 나오는 기후변화 관련 질문은 항상 비슷합니다. 인간의 영향력이 미치는 비중, 기후 모델이 보여준 결과에 대한 신뢰 여부, 과학적 합의의 개념, 갑작스러운 기후변화의 가능성, 일시적이지만 극심한 기후 현상 발생과 기후변화의 관계 등이 바로 그것입니다.

그런데 반복적으로 등장하는 어떤 질문들은 종종 편견 때문에 만들어집니다. 편견은 왜곡되거나 부분적인 정보를 포함해서 온갖 종류의 정보를 접할 수 있는 소셜네트워크에 널리 퍼져 있습니다. 그리고 상황이 변하지 않아야 이익을 보는 사람들이 그런 편견을 만들어내거나 전달하기도 합니다. 그들의 목적은 온난화의 규모와 인간이 미치는 영향, 과학적 신뢰도를 최대한 과소평가하는 것입니다. 당장 행동해야 한다는 당위성을 부정하기 위한 담론을 쌓고 비행동(non action)의 담론을 내놓으려 합니다. 그것은 새로운 형태의 부정입니다.

엄격하게 수행된 과학 연구를 통해 검증받은 견고한 지식보다 과학 지식을 어떤 식으로든 왜곡하는 편견이 훨씬 더 널리 퍼져 있으니 안타까울 따름입니다. 그렇다면 현재 나와 있는 과학 지식(그 발전과 한계까지)을 어떻게 공유할 것인지, 그리고 기후 관련 문제에 관한 가짜 뉴스에 대응하기 위해 어떻게 과학 지식을 동원할 것인지에 대한 질문이 남습니다.

바로 그 질문이 이 책의 출발점입니다. 프랑스 국립과학연구소는 과학의 발전, 경제·사회·문화의 진보, 지식 공유를 위한 연구를 사명으로 삼는 기관입니다. 그래서 사명 완수에 조금이나마 보탬이 되고자 국립과학연구소 산하 국립우주과학연구소에서 편견을 깨기 위한 일련의 글을 연재했습니다. 그리고 봉포트라는 이름으로 활동하는 토마 바그네르, 그래픽 디자이너 클레르 마르크와 함께 일하기로 했습니다. 관련 분야의 최고 전문가들을 동원해, 반복해서 제기되는 질문에 사실과 연구를 근거로 답을 내놓으면서도 재미있고 엉뚱하기도 한 새로운 방법을 사용하고 싶었기 때문입니다. 봉포트의 인터넷 사이트에 게시된 글과 글을 시각적으로 재미있게 요약한 일러스트를 이 책에 모았습니다.

이 책이 저에게 그랬듯 여러분에게도 즐거움을 선사하기를 바랍니다. 무엇보다 소셜 네트워크에 무분별하게 돌아다니는 정보를 잘 구별할 수 있도록, 여러분의 시각과 비판 정신을 더욱 예리하게 만들어주기를 바랍니다. 또 기후변화에 관해 대화를 나눌 때 이 책이 견고한 근거가 되고 과학 연구와 관련된 지식을 발전시키고 더 많은 것을 알고 싶은 호기심을 불러일으키기를 바랍니다. 그리고 무엇보다 행동할 수 있도록 돕기를 바랍니다.

재미있게 읽어주세요.

발레리 마송델모트
기후변화에 관한 정부간 협의체(IPCC) 제1실무그룹 공동의장
프랑스 원자력대체에너지위원회(CEA) 산하 기후환경과학연구소(LSCE) 연구원

들어가기 전에

2020년 여름, 전 세계 80여 개국의 과학자 1500명이 IPCC의 제6차 보고서 제1권을 검토하고 있을 때 소셜네트워크에는 기후변화 회의론이 넘쳐났습니다.
어떻게 하면 시민들을 불안하게 하지 않으면서 기후 문제 해결의 시급성을 말할 수 있을까요? 근거를 흔드는 것이 커뮤니케이션 전략이 된 시기에 어떻게 하면 우리의 메시지에 의미를 부여할 수 있을까요? 정확한 논거의 부재와 조롱이 대세일 때 어떻게 하면 과학적 연구 결과를 대중에게 전할 수 있을까요?
셀 수 없을 만큼 많은 가짜 뉴스를 추적하고 해독하고 분해하기 위해서, 시민이라면 누구나 던질 만한 질문에 대답하기 위해서, 올바른 대답을 마련하는 것이 사회적으로 매우 중요한 문제가 됐습니다. 정확한 의미를 부여하고 전달해야 한다는 필요성을 깨닫고 프랑스 국립과학연구소는 소셜네트워크의 전통적인 코드와 결별한 인플루언서, 그래픽 전문가, 기후학자, 지구 시스템 전문가들과의 만남을 꾀했습니다.
그 만남에서 기후변화를 대중에게 더 잘 알리기 위한 비공식적인 작은 실험실이 생겼습니다. 이들은 몇 달 동안 인포그래픽을 만들어 소셜네트워크에 올렸고 50만 이상의 조회수와 공유를 달성했습니다. 사람들의 관심과 격려 메시지 덕분에 그 내용을 책으로 엮어서 누구나 이 자료에 접근할 수 있도록 만들자고 생각하게 됐습니다. 가족끼리, 혹은 학교와 도서관에서 책을 보고 토론을 이어갈 수 있도록 말입니다.
이 책은 커뮤니케이션과 과학이 만난 결과물입니다. 각 페이지의 내용과 모든 숫자 뒤에는 150년 동안 축적된 지구물리학의 지식뿐만 아니라 연구자들이 밤낮으로 쉬지 않고 매달린 연구 결과가 숨어 있습니다. 수천 명의 과학자, 엔지니어, 기술자, 전공생이 매일 극지방에 설치된 관측소에

출근하고, 연구를 위한 선박이나 비행기에 탑승합니다. 또 기후 모델화에 꼭 필요한 슈퍼컴퓨터를 관리하고 최신 기술로 암호를 개발합니다. 말하자면 우리가 살고 있는 환경을 경험하고 우리의 과거를 탐험하는 새로운 방법으로 미래를 예측하고 있지요. 지식과 이성이 우위에 서는 것이 중요한 만큼 이 책은 그분들의 것이기도 합니다.

장프랑수아 두생
프랑스 국립우주과학연구소(INSU) 해양·대기 연구부 과학부국장

지구온난화에 과학적 합의가 되었나요?

질문 1

'과학적 합의'란 무엇일까요?

과학적 합의란 특정 분야를 연구하는 과학자들이
함께 내놓은 집단적 의견, 입장, 판단이에요.

합의에 이르는 과정은 여러 단계로 이루어져요.

하나 혹은 그 이상의
가설을 세워요.

가설을 실험하고
또 실험해요.

가장 견고한
가설에 집중해요.

하나의 이론을 만들어내요.

과학적 합의의 특징

특정한 주제에 관한 연구의 양이 늘어나요.

과학자들의 (만장일치는 아니지만) 전반적인 동의를 뜻해요.

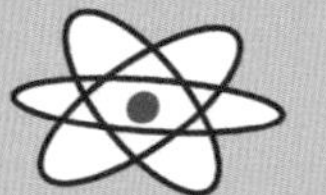

과학적 요소가 기반이 돼요.

왜 과학적 합의를 믿어야 할까요?

과학적 합의 ≠ 정치적 합의 : 과학적 합의에는 투표가 필요 없어요.

하지만

과학적 합의는 과학적 증거를 바탕으로 오랜 시간에 걸쳐 이루어져요.

투명성, 믿을 만한 증거, 메타분석*이 과학적 합의의 신뢰성을 높여줘요.

2007년 이후 인간 활동이 지구온난화의 원인이라는 사실을 반대한 과학 단체는 전 세계적으로 하나도 없었어요.

* 메타분석: 하나의 주제를 조사한 많은 연구를 종합하고 요약해서 타당하고 일반화된 결론을 끌어내는 분석 방법.

가짜 뉴스에 속지 말아요!

'기후 전문가'는 아무나 되는 게 아니에요.

✓ 동료들(다른 기후학자들)이 검증한

✓ 기후 연구 결과를 발표한

✓ 기후학자여야 해요.

기후에 관한 가짜 뉴스를 쉽게 구별하는 세 가지 방법

① 기간
짧은 기간을 기준으로 얻은 결과는 오랜 기간의 변화를 반영하지 못해요.

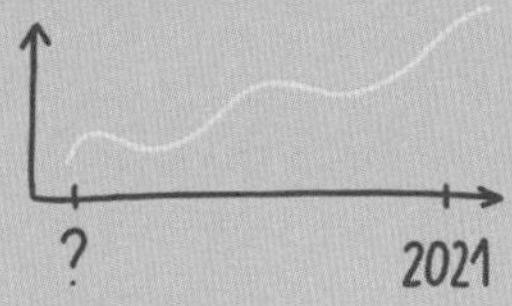

② 근거
모든 주장에는 반드시 근거가 있어야 해요.
그 근거는 과학자들이 인정한 논문만 실리는 과학 학술지에서 가져와야 해요.

③ 과학과 여론을 구분해요
과학적 합의와 여론을 구분해야 해요. 신문 칼럼이나 인터뷰는 과학자들이 검증한 논문과는 비교할 수 없어요.

IPCC는 기후변화에 어떤 의견을 가지고 있나요?

IPCC(기후변화에 관한 정부간 협의체)는 기후 문제를 다룰 때 전 세계적인 기준이 되는 국제기구예요.

IPCC의 연구 종합 능력, 연구 방법과 투명성은 세계 최고예요.

IPCC는 다음과 같이 확신 있게 주장해요.

"지구온난화는 분명히 존재하는 현상이다."

"인간이 기후에 미치는 영향은 명백하게 증명됐다."

요점 정리

그렇다면 97%, 99%, 100%는 뭔가요?

꼭 기억해요!

이 수치는 인간이 지구온난화의 주범이라는 사실에
동의하는 과학자의 비율이에요.

기후변화가 인간의 책임이라는 사실은 2007년 이후로 반박된 적이 없어요.

이런 의견의 바탕에는 날마다 더 많은 증거를 보여주는
수천 개의 과학 연구가 있어요.
과학 연구는 소셜네트워크를 떠돌아다니는 글보다 훨씬 가치가 있어요.

질문 2

기상과 기후의 차이는 무엇인가요?

언론이나 미디어에서도 기상과 기후를 혼동하는
모습을 자주 볼 수 있어요.

언론에서 기상과 기후를 혼동하지 않도록 도와주자고요.

기상과 기후는 각각 무엇을 말하는 걸까요?

기상 날씨를 예측하기 위해 대기 현상을 연구한 결과물

특정한 시간과 장소에서 나타나는 날씨예요. 이 날씨는 시간마다 변할 수도 있고 매일 변할 수도 있어요.

≠

기후 오랜 기간(일반적으로 30년)에 걸친 대기의 변수를 연구한 결과물

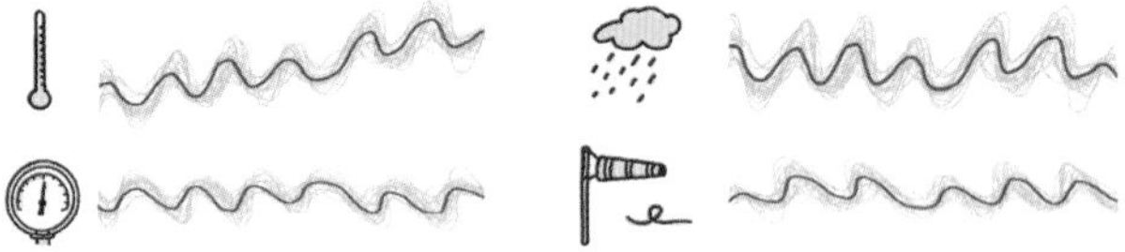

특정 지역에 대한 날씨를 예측할 수 있어요.

기상과 기후는 어떻게 구분할까요?

기간에 따라서 구분해요.

기상 일주일 vs **기후** 10~100년

기상은 30년 동안 아주 조용했던 사람이 72시간 동안 화를 내는 것과 비슷해요.

하루에 기온이 5℃ 떨어지는 건 괜찮아요.
하지만 기온이 5℃ 떨어진 상태가 계속되면 세상이 바뀔 거예요.

지구의 평균 기온이 지금보다 5℃
낮았을 때는 2만 년 전이었어요.
그때는 빙하기가 최고조에 이르렀을 때죠.

기후 예측과 기상 예측이 알려주는 것과 알려주지 않는 것

기후 예측

✓

기후 변수를 통계 내서 장기간에 걸친
기후변화의 가능성을 알려줘요.

21세기의 마지막 10년은 처음 10년보다
더울 것이라고 알려줘요.

X

매일매일의 날씨 변화는
자세히 예측하지 못해요.

2095년이 2096년보다
더 더울지 추울지는 알려주지 못해요.

기상 예측

✓	X
매일 특정한 시간의 날씨를 알려줘요. (내일 아침에 비가 올까요?)	일주일이 넘는 기간에 대해서는 정확한 예측을 하지 못해요.
확률로 계산해요. (내일 비가 올 확률은 얼마나 될까요?)	(그러니까 기상청에서 10일 또는 80년 후의 날씨를 알려주지 못하는 건 정상이에요.)

지구온난화가 한창인데 기록적인 한파가 닥쳤다고요?

기후 예측은 평균값이에요.
해마다 평균 기온이 올라가도 예년보다
더 추운 겨울이 찾아올 수도 있어요.

기록적인 강추위가 가끔 오지만 기록적인 무더위가 더 빈번해졌어요.

평균적으로
한파 한 번에

무더위 열 번이
찾아와요.

기상 및 기후 예측은 얼마나 정확할까요?

기상 전문가들이 내일 날씨를 예측하는 데 형편없다고 말하는 사람들이 많아요.
그건 잘못된 말이에요.

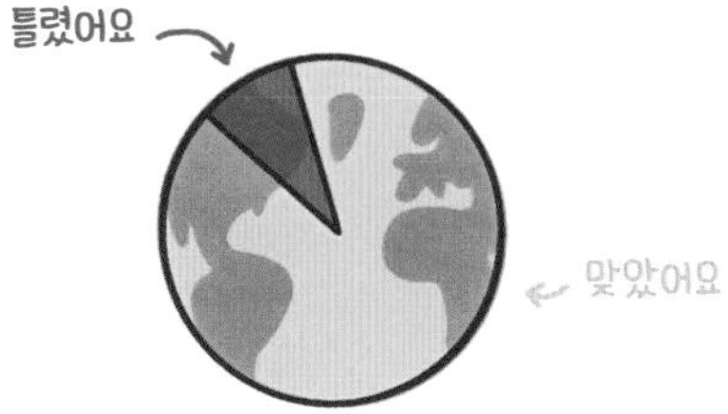

프랑스에서 24시간
기상 예측을 확인해 보면 예측이
맞았던 비율이 90%에 달해요.

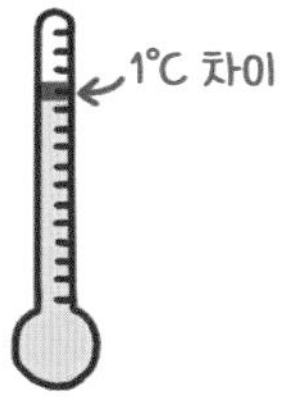

특정한 순간(24시간 중)의
기온 예측은 실제 온도와 약 1℃ 정도밖에
차이가 나지 않아요.

기상 예측의 정확도는 점점 더 높아지고 있어요.

기후 예측도 비슷해요. 다음 그래프는 1980~2000년과 비교해
2000~2020년에 이루어진 기온 예측이에요.

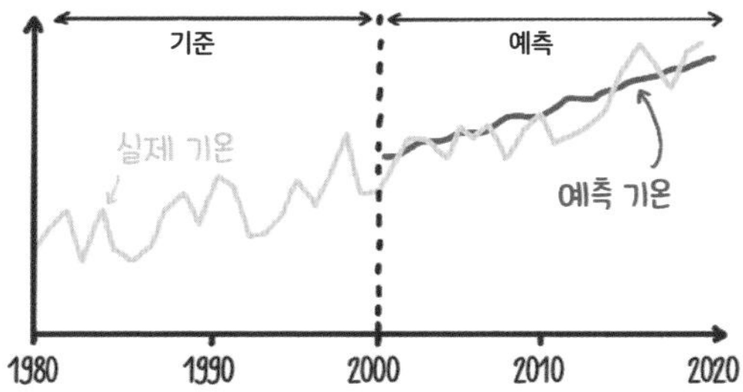

20년 동안 기술이 발전하면서 개발된 예측 모델은 정확도가 훨씬 높아졌어요.

요점 정리

학교에서 기상과 기후의 차이를 오래전부터 가르치고 있지만
정치인을 비롯해 많은 사람이 아직도 두 가지를 구분하지 못해요.

교육은 지구온난화 퇴치에 가장 중요한 역할을 해요.

그러니 열심히 공부해요!

기후가 늘 변해온 게 사실일까요?

질문 3

옛날에 지구는 지금보다 훨씬 뜨거웠어요.

그렇다면 과학자들은 현재의 지구온난화가 인간의 활동 때문이라는 사실을 어떻게 확신할 수 있을까요?

과거의 기후에 대해 알고 있나요?

6억 년 전 지구의 평균 기온은 지금보다 10℃ 정도 높았어요.

지난 200만 년 동안 기온은 더 낮아졌고 빙하기와 간빙기가 번갈아 나타났어요.

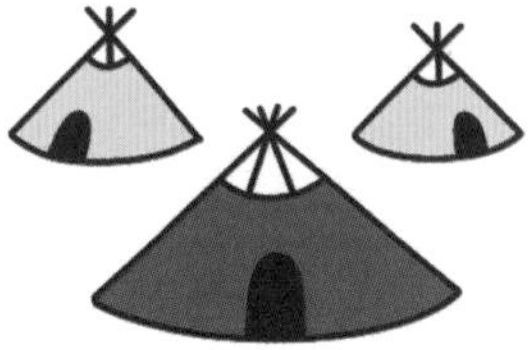

마지막 빙하기는 1만 2000년 전에 끝났어요.
이때부터 인간은 정착 생활을 시작했어요.

19세기 이후 지구의 평균 기온이 상승했어요.

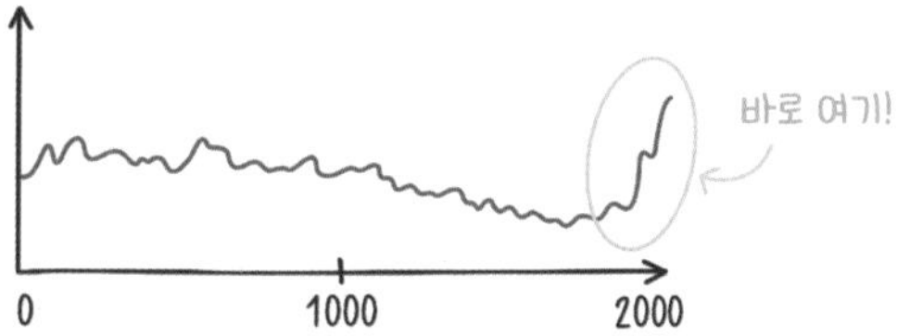

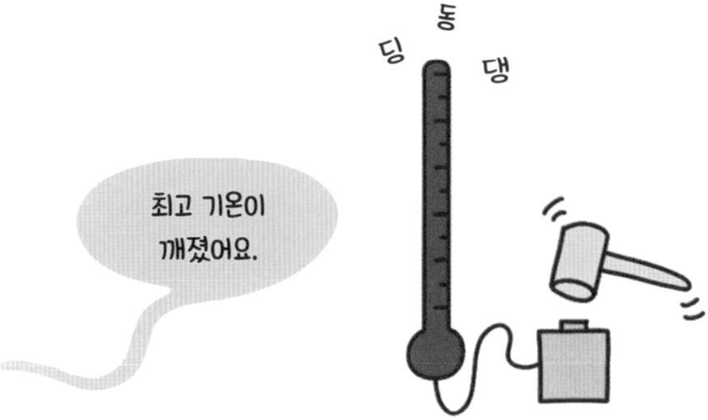

1983~2012년은
1400년 만에 평균 기온이
가장 높았던 시기예요.

현재 관측되는 기후변화는 과학자들이 재구성한 과거(지난 1만 년과 해빙기)의 기후변화보다 훨씬 빠르게 일어나고 있어요.

과거의 기후는 어떻게 재구성할까요?

과학기술의 도움으로 150년 전 일어난 기후변화를 알 수 있어요.

과학자들은 암석, 퇴적층, 빙하, 화석, 나무의 나이테, 산호의 줄무늬를 연구해서 과거에 일어난 모든 일(고기후학)을 알아내요.

그것이 토양, 호수, 이탄층, 바다, 빙하에 담겨 있는 자연의 기록이니까요.

다양한 기후변화는 어떻게 설명할 수 있을까요?

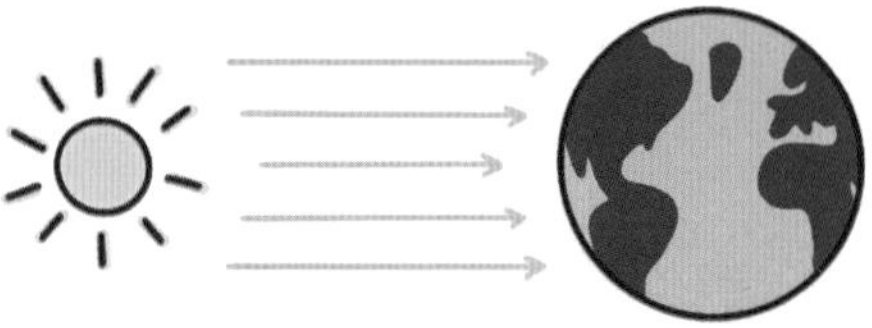

기후를 바꾸는 건 지구까지 도달하는 태양광선이에요.

원래는 지구가 흡수한 태양광선과 지구가 우주로 돌려보내는 열에너지가 균형을 이루어야 해요.

흡수한 에너지
=
내보낸 에너지

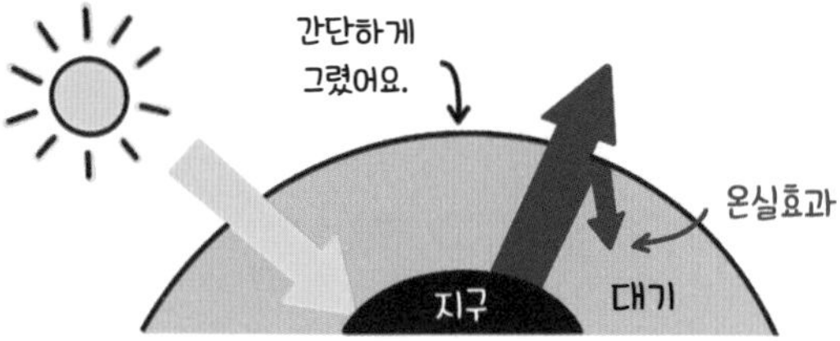

지구의 기후변화는 에너지 균형이 깨져서 나타난 결과예요.
온실기체 증가, 태양에너지의 변화, 화산 활동이
지구에 남은 에너지의 총량을 바꿔 지구온난화를 일으켜요.

빙하기와 간빙기가 번갈아 나타나는 것은
지구가 흡수한 태양에너지의 양이 다르기 때문이에요.

변화를 일으키는 변수는 다섯 가지예요.

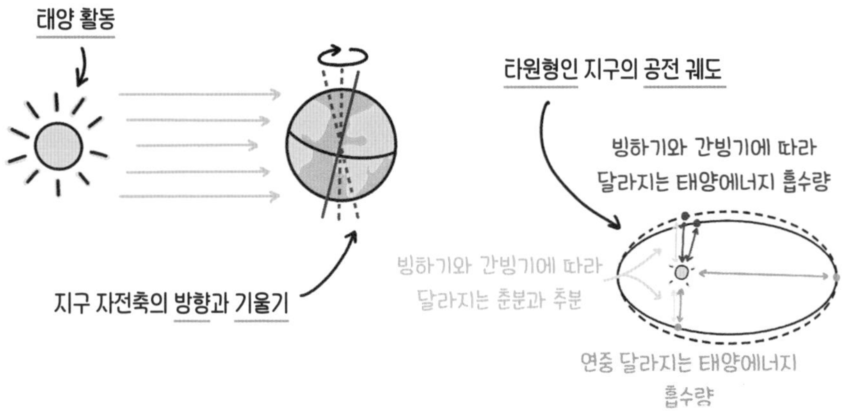

자연적 원인이 현재 일어나는 기후변화의 원인일까요?

자연적 원인은 과거에 따뜻했던 기후를 설명할 수 있어요. 그러나 인류세 (기원전 1만 2000년부터 현재까지)에서는 자연이 기후에 미치는 영향이 적어요.

자연적 원인은 현재 빠르게 일어나는 지구의 기후변화를 설명하지 못해요.

예를 들어 아이슬란드의 에이야파들라이외키들 화산이 폭발했을 때 하루 동안 뿜어져 나온 이산화탄소의 양보다 같은 해 중국에서 하루 만에 방출한 이산화탄소의 양이 100배나 많았어요.

지구의 에너지 균형은 다음과 같은 원인으로
크게 바뀌었어요.

에어로졸 / 토양의 사용 (작물 재배, 가축 방목, 산림 벌채) / 이산화탄소 / 오존층 감소

요점 정리

과거의 기후를 알면 현재 일어나는 기후변화를 더 잘 이해할 수 있어요.

과거에는 자연적 원인으로 지구의 기온이 올라갔지만 현재의 지구온난화는 그 속도가 지난 1만 년보다 훨씬 더 빨라요. 많은 과학 연구에서 그 원인으로 인간의 활동을 지목해요.

이산화탄소와 기후변화는 어떤 관련이 있나요?

질문 4

산업화 시대에 접어든 이후 대기 중 이산화탄소 농도는 40% 이상 증가했어요.

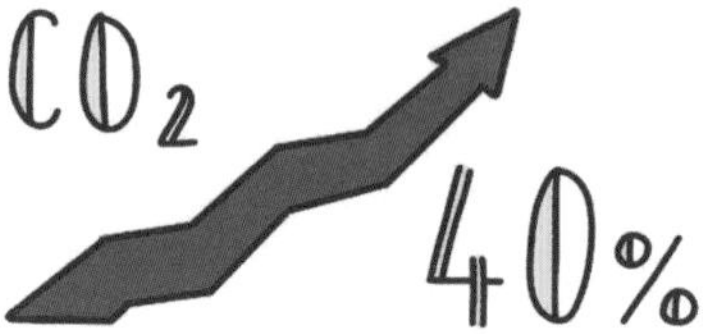

이는 기후에 큰 영향을 미쳤어요.

어떻게 이산화탄소 농도가 증가한 것을 알 수 있어요?

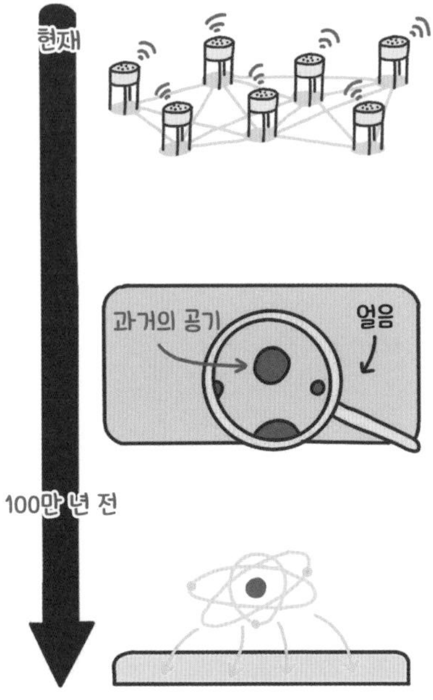

1960년대부터 관측소를 많이 세워서 대기 중 이산화탄소 농도를 측정했어요.

지난 100만 년 동안 일어난 이산화탄소 농도 변화를 알아내려고 빙모와 빙하에 갇힌 공기 방울을 분석했어요.

더 먼 과거의 이산화탄소 농도 변화를 알기 위해서는 고토양과 해양 퇴적물의 동위원소를 분석해야 해요.

에이, 이산화탄소 농도가 증가했다더니 거짓말이잖아!

아니에요. 대기 중 이산화탄소 농도는 1850년에 280ppm(백만분율)이었지만 현재 410ppm으로 증가했어요. 170년 만에 46%나 증가했지요.

수만 년 동안 이산화탄소 농도는 180~280ppm 정도였어요.

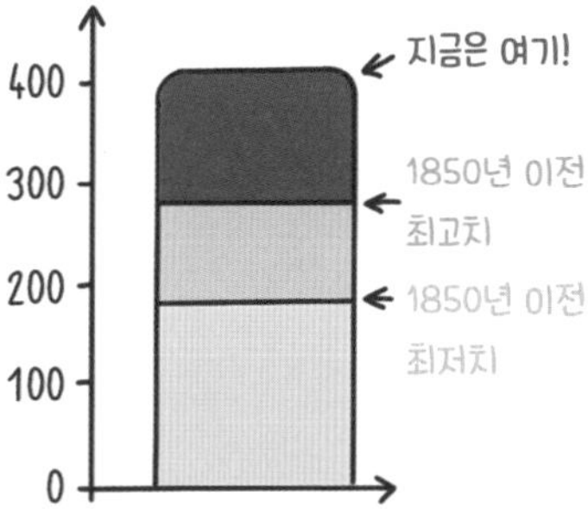

최근 이산화탄소 농도가 점점 더 빠르게 증가하고 있어요. 50년 전에는 이산화탄소 농도의 연간 증가량이 0.5ppm이었지만 지난 10년 동안에 2ppm으로 늘어났어요.

인간이 이산화탄소 증가의 범인일까요?

맞아요. 산업혁명 이후 인간은 이산화탄소를 엄청나게 대기 중으로 배출했어요.

예를 볼까요?

연간 400억 톤

화석연료 연소

산림 벌채

연간 3억 6000만 톤

이 양은 지상과 해저의 화산 1500개가 폭발할 때 나오는 양과 같아요.

이산화탄소 배출이 늘어나는 게 왜 문제일까요? 인간이 숨 쉴 때도 이산화탄소가 나오잖아요.

인간의 호흡으로 배출되는 이산화탄소와 공장, 비행기, 굴뚝 등에서 배출되는 이산화탄소의 가장 큰 차이는 탄소가 처음 어디에서 생기느냐예요.

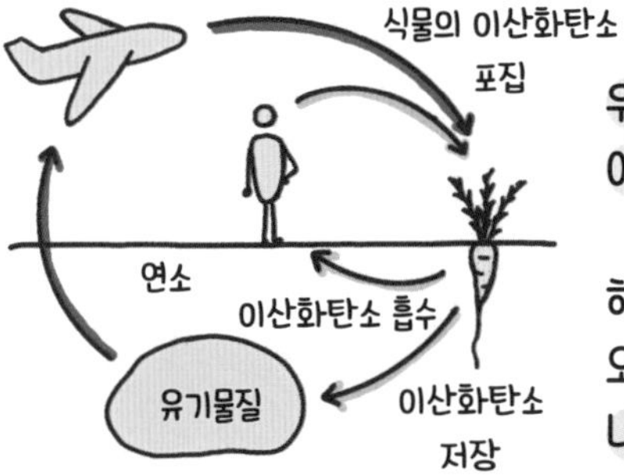

우리가 숨 쉴 때는 음식으로 먹었던 식물 속 이산화탄소가 대기 중으로 다시 나와요.

하지만 화석연료를 태우거나 산불이 났을 때는 오래전에 아주 천천히 저장된 탄소가 다시 나오는 거예요.

아무튼 이산화탄소 자체는 나쁘지 않잖아요!

적은 양은 괜찮아요. 사실 지구가 완전히 얼어붙지 않는 것도 어느 정도는 이산화탄소 덕분이에요.

하지만 지난 5000만 년 동안 엄청난 양의 이산화탄소가 대기 중으로 방출된 다섯 번의 대사건이 벌어졌어요.

그것이 지구의 기온을 상승시켰고 해양을 산성화했으며 생물의 대멸종을 일으켰어요.

이산화탄소는 기후에 어떤 영향을 미칠까요?

지구의 기후는 지구가 흡수하고 방출하는 에너지의 균형으로 정해져요.

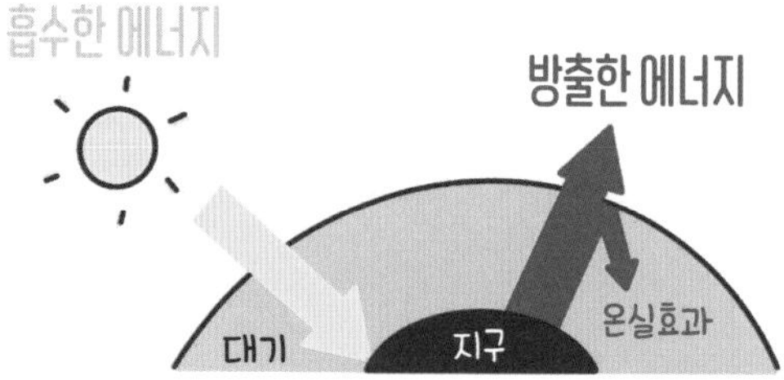

이 균형을 깨뜨리는 이산화탄소 같은 온실기체는 모두 기온에 영향을 미쳐요. 지구가 남은 에너지를 처리하는 데는 기온을 올리거나 낮추는 것 외에는 다른 방법이 없기 때문이에요.

배출된 이산화탄소는 어떻게 돼요?

절반은 천연 탄소 흡수원에 흡수돼요.

절반은 대기에 축적돼요.

\+ 장점

이산화탄소는 식물의 성장을 촉진해서 지구의 녹색화를 일으켜요.

하지만 녹색화가 늘 좋은 건 아니에요.

\- 단점

해양이 흡수한 이산화탄소가 너무 많으면 바닷물에 들어 있는 수소 이온 농도(pH)가 줄어들어요. 그러면 바닷물이 산성으로 변해서 조개류의 껍데기와 바다생물의 뼈가 기형이 되거나 분해돼요. =↘생물다양성

녹색화는 좋은 거 아닌가요?

요즘 관찰되는 녹색화는

일부 나라들의 집약 농업으로 주로 발생해요.

물과 영양분도 많이 소비해요.

녹색화는 특히 온대 지방에서 자주 일어나요.
열대우림과 생물다양성을 파괴하지요.

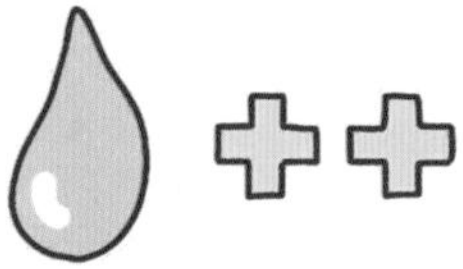

식물 성장에 최적화된 온도가 올라갈수록
녹색화는 포화 상태에 이르거나 역효과를 일으킬 수 있어요.

요점 정리

이산화탄소
배출량 증가는

지구의 에너지 균형을
깨뜨리며

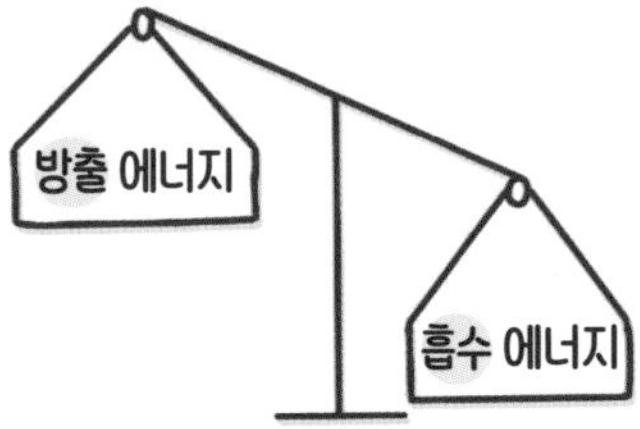

기온을 상승시키고

해양을 산성화시키고
(↘바다의 생물다양성)

녹색화를 일으켜요
(↗물 소비 + 생태계 균형 파괴)

기후변화는 빙하에 어떤 영향을 미치나요?

질문 5

빙하는 눈이 녹지 않고 계속 쌓여서 생긴 단단한 얼음층이에요. 지구에는 20만 개 이상의 빙하가 있어요.

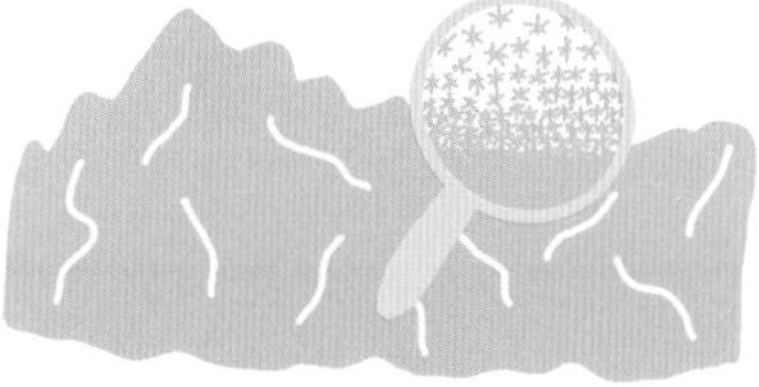

빙하의 변화는 어떻게 측정할까요?

빙하는 얼음으로 된 강과 같아요. 높은 산에서 낮은 계곡으로 이동하지요.

빙하의 끝단은 기후변화에 따라 짧게는 몇 년, 길게는 1000년 동안 이동해요.

빙하의 변화를 알려면 1년 동안 표면의 눈과 얼음이 얼마나 늘고 줄었는지 측정해야 해요. 이를 빙하질량지수라고 해요.

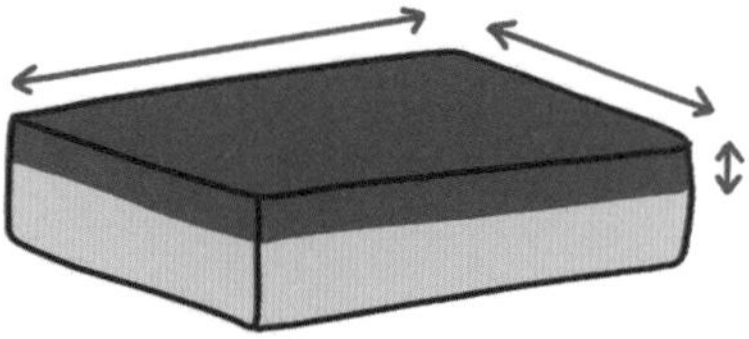

기후와 빙하의 관계를 이해하려면 10년 이상의 긴 기간에 걸쳐 빙하질량지수를 측정하고 분석해야 해요.

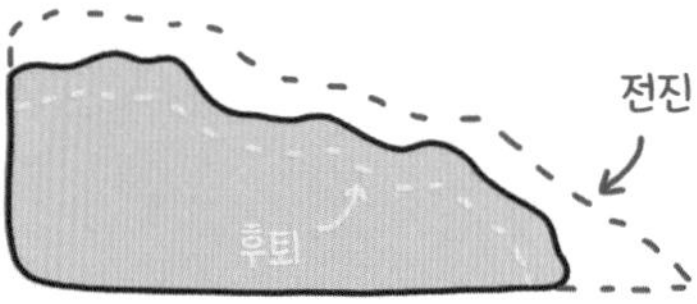

빙하 끝단의 전진이나 후퇴는 표면에서 일어난 일 때문이에요.

'누적' 또는 '소모' 현상이 일어나는 것이지요.

누적: 눈
소모: 해빙

누적	>	소모	➡	전진
누적	<	소모	➡	후퇴

지난 수십 년 동안 알프스산맥에서는 빙하의 소모 현상이 증가했어요.
빙하가 녹는 기간이 늘어났고 여름에도 예전보다 더 많이 녹았지요.

과거에 일어났던 빙하의 변화도 알 수 있나요?

특징적인 암석이 쌓인 것을 보고 빙하의 확장이 언제였는지 알 수 있어요.
그 암석을 빙퇴석이라고 해요.

빙하가 미끄러지면서 많은 양의 돌을 운반해요. 그 돌들이 빙하의 끝단에 모이면 빙하가 얼마나 확장됐는지 알 수 있어요.

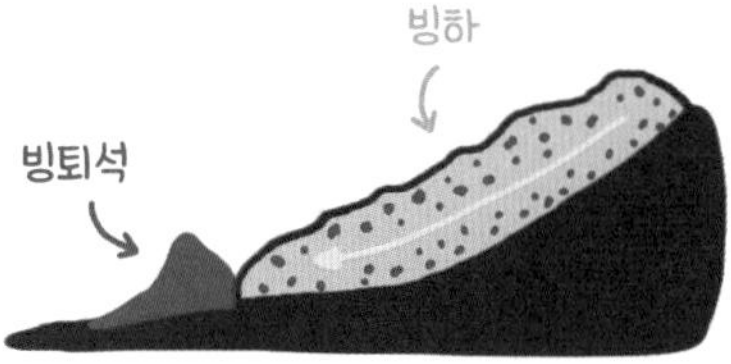

빙하의 변화 정도나 빙하가 쌓인 시대, 빙하가 후퇴한 거리는 알 수 없어요.

하지만

새로운 연대 측정 방법이 개발되면 빙하를 더 많이 알 수 있어요.

빙하는 지금보다 더 넓었나요?

꼭 그렇지는 않아요. 북반구에서 일어났던 일을 간단하게 살펴볼까요?

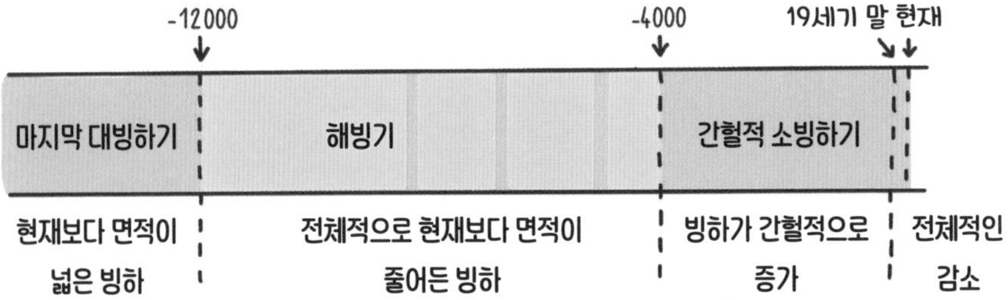

19세기 말부터, 특히 지난 20년 동안
전 세계 빙하는 질량이 감소했고 후퇴했어요.

인간의 활동이 빙하 후퇴의 원인인가요?

빙하는 지난 수백 수천 년 동안
자연적으로 증감했어요.

그러나 현재 일어나는 빙하의 변화는 그 주기나 강도가 지난 1만 2000년과 비교할 수 없을 정도예요.

과거에 일어난 빙하의 후퇴는 오늘날과 비교할 수 없어요. 과거의 원인(자연)이 현재 기후를 좌지우지하는 원인(인간)과 다르기 때문이에요.

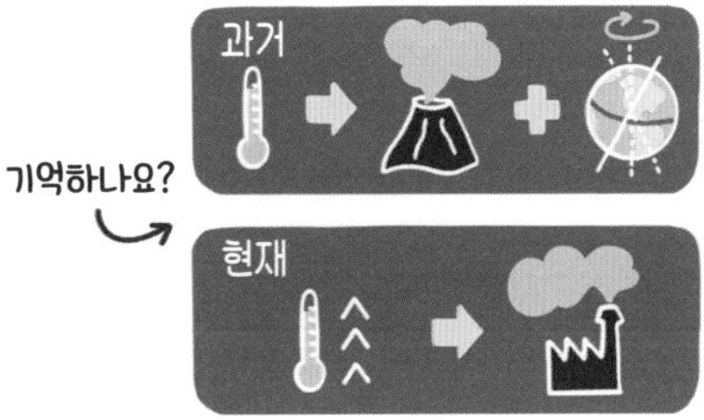

많은 과학 연구에서 인간의 활동이 19세기 이후 일어난 지구온난화의 주범이라는 사실을 증명했어요.

수백 년 전부터 관찰되는 빙하의 후퇴가 지구온난화 때문이라는 사실은 명백해요.

빙하는 앞으로 어떻게 변할까요?

기후 시나리오에 상관없이 기후 시스템의 관성, 빙하의 느린 반응 시간 때문에 21세기 중반에도 빙하는 계속 녹아내릴 거예요.

21세기 후반에는 온실기체 배출량에 따라 빙하가 변화할 거예요.

시나리오 1

계속 많이 배출될 경우

빙하의 후퇴 가속

알프스산맥:
80~90% 후퇴

시나리오 2

배출량 감소
+
2050년 탄소 중립 달성 시

후퇴 속도 감소

알프스산맥:
70% 후퇴

요점 정리

어떤 경우든 앞으로 몇 년 혹은 몇십 년 안에 저고도에 있는 작은 크기의 빙하는 사라질 거예요.

북극곰은 기후변화의 피해자가 맞나요?

질문 6

북극곰과 빙산

북극곰은:

북극에만 살아요.

해양 포유동물이에요. 먹이를 육지보다 바다에서 더 많이 구해요.

여기!

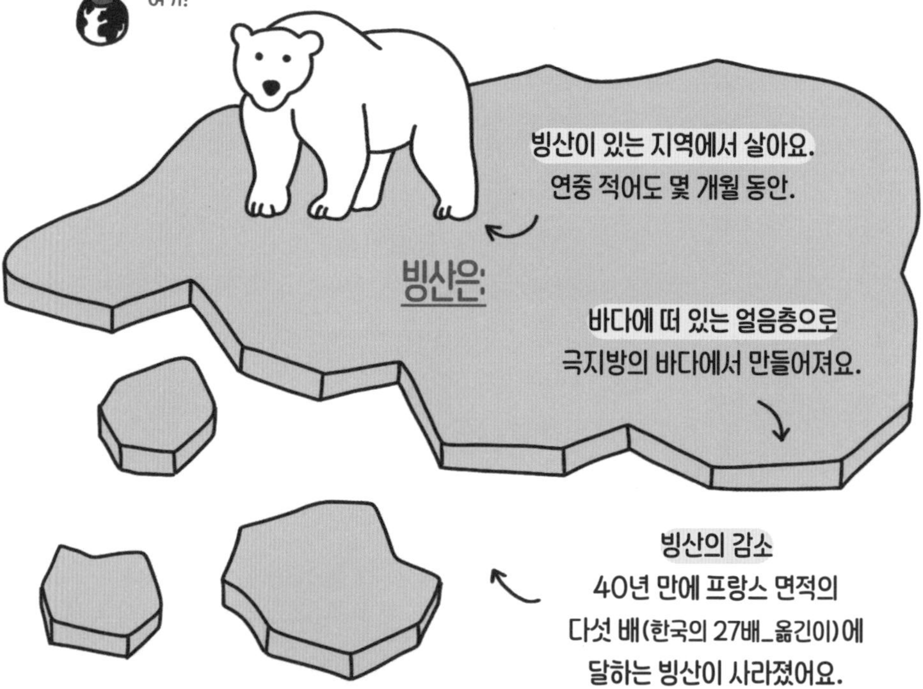

빙산이 있는 지역에서 살아요. 연중 적어도 몇 개월 동안.

빙산은:

바다에 떠 있는 얼음층으로 극지방의 바다에서 만들어져요.

빙산의 감소
40년 만에 프랑스 면적의 다섯 배(한국의 27배_옮긴이)에 달하는 빙산이 사라졌어요.

빙산 면적이 계속 감소하면 북극곰은 먹이를 잡아먹을 수 없어요.
그렇게 되면 21세기 말에 북극곰은 멸종할 거예요.

북극곰은 기후변화를 막기 위한 좋은 상징일까요?

모두 알고 있지만 북극곰은 기후변화를 막으려는 노력의 상징이 됐어요.
그런데 정말 그럴까요?

그렇기도 하고
그렇지 않기도 해요.

그렇기도 한 건 북극곰이 기후변화로 생존에 위협을 받기 때문이에요.

그렇지 않기도 한 건, 북극곰이 기후변화의 영향을 많이 받는 유일한 생물종이 아니기 때문이에요.

북극곰에게만 관심이 집중되면
다른 많은 사실을 놓치게 돼요.

기후변화는 많은 지역에서 인간 사회에 큰 영향을 미쳤고
앞으로도 그럴 거예요.

북극곰은 앞으로 어떻게 될까요?

어떤 사람들은 이렇게 말해요.

기후변화라는 건 없어!
50년 전보다 북극곰이 더 잘 지내는 것이 그 증거지.

2014~2017년에 북극곰의 개체 수가 2만 2000마리에서
2만 6000마리로 증가한 건 사실이에요.

하지만 그건 북극곰의 개체 수를 세는 방법이 바뀌었기 때문이에요.

과거의 계산법은 정확도가 무척 떨어졌어요.

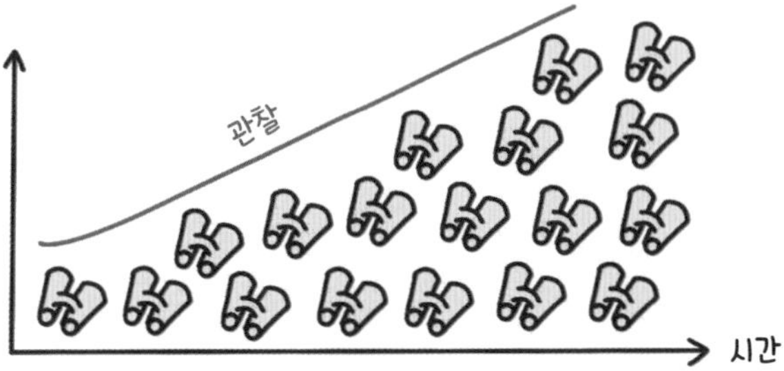

개체 수 변화를 장기적으로 전망하기는 어려워요.

무엇보다도 현재 개체 수가 얼마든 북극곰의 생존은 적응한 환경(=빙산)의
존재 여부에 달려 있어요.

북극곰: 기후변화 부정론의 대표 사례

북극곰 전문가들은 북극곰을 둘러싼 가짜 뉴스에 무척 지쳤어요.

북극 빙산과 북극곰을 다룬 인터넷 사이트 90개를 찾아낸 다음,

두 종류로 나누었어요.

과학자들이 검토하고 발표한 논문을 근거로 한 사이트

접근 가능한 과학적 요소를 전혀 고려하지 않고 가짜 뉴스를 생산하는 사이트

북극 빙산의 면적이

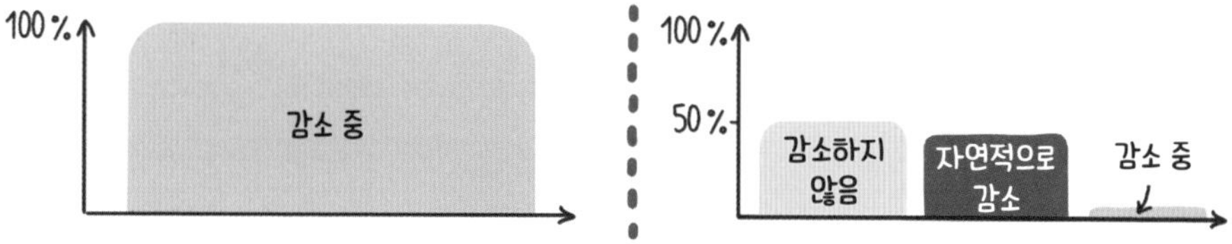

기후변화로 인해 북극곰이

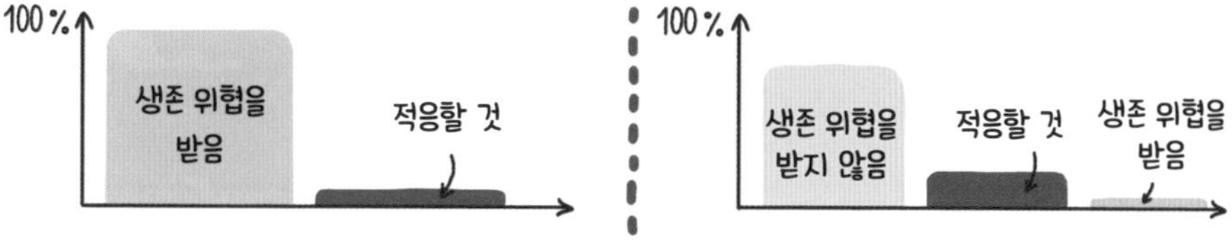

기후변화를 부정하는 사이트는 소설을 쓰는 것과 마찬가지예요.

요점 정리

과학자들이 검토하고 발표한 논문에 근거한 과학적 사실:

- 북극곰은 빙산에 의존해요.
- 빙산의 면적은 매년 줄어들어서 북극곰의 생존을 위협해요.

기후변화 부정론자들은:

- 심사위원단이 있는 학술지에 글을 발표하지 않아요.
- 믿을 만한 과학적 사실을 내놓지 못해요.

- 과학적 사실이 대중에게 알려지는 것을 거부해요.
- 가짜 뉴스를 생산해요.

지구온난화는 왜 해수면을 상승시키나요?

질문 7

현재 지구상에 10명 중 1명은
해발 100m 이하에서 살아요.

해수면 상승은 인간에게 큰 영향을 미치는
기후변화의 결과 중 하나예요.

그렇다면 왜 해수면 상승이 지구온난화와 관계가 있을까요?

해수면은 왜 변할까요?

몇십 년을 기준으로 해수면을 변화시키는 요인은 두 가지예요.

기온의 변화

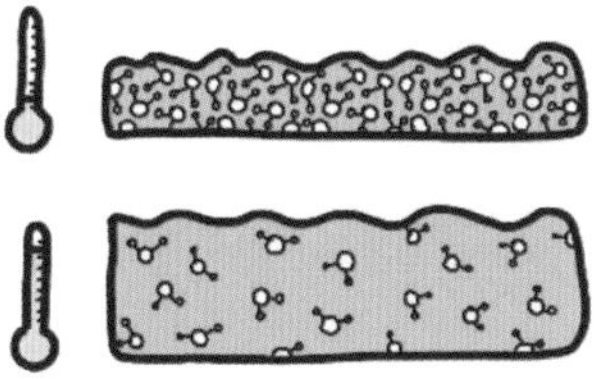

해양의 온도가 올라가면 물 분자가 팽창해요.
그래서 해양도 팽창해 해수면이 올라가요.

대륙의 빙하, 바다의 빙산, 극지방의 빙모가 녹는 것

얼음이 녹아서 담수가 바다로 흘러 들어가면
해수면이 높아져요.

지금은 어떤 상황인가요?

100년 전부터 해수면 상승이 더 빨라졌어요.

20세기 해수면 상승의 세계 평균 속도는 연간 약 1.7㎜예요.

이 속도는 30년 만에 두 배 늘어났어요. 30년 전에는 해마다 3.3㎜씩 (신용카드 세 개를 겹친 두께) 해수면이 상승했어요.

상승 속도는 과거에 더 빠르지 않았나요?

맞아요. 빙하기와 간빙기 사이에 해수면의 변화가 두드러졌어요. 빙하기에서 간빙기로 바뀔 때 상승 속도는 연간 평균 10~15㎜였어요.

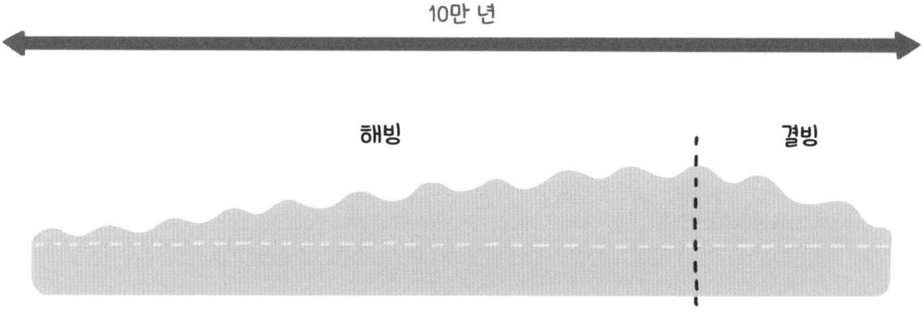

하지만 그 속도는 빙하기가 끝나면서 얼음이 대량으로 녹았기 때문이에요.

해빙이 오래전에 끝났고 다음 빙하기는 5만 년 뒤에 오는데도 현재의 해수면 상승은 연간 3~4㎜예요.

그런데 어떤 지역에서는 해수면이 더 빠르게 상승해요!

맞아요. 지구 전체에서 균일하게 해수면 상승이 일어나는 게 아니에요. 해류가 바다의 열을 골고루 분배하지 않기 때문이에요. 그래서 해마다 최대 ±5cm의 차이가 발생해요.
하지만 장기간 평균을 내면 해수면이 상승하는 것은 틀림없어요.

해수면이 낮아지는 곳도 적지 않아서 이걸 보고
일반화하는 사람들도 있어요.

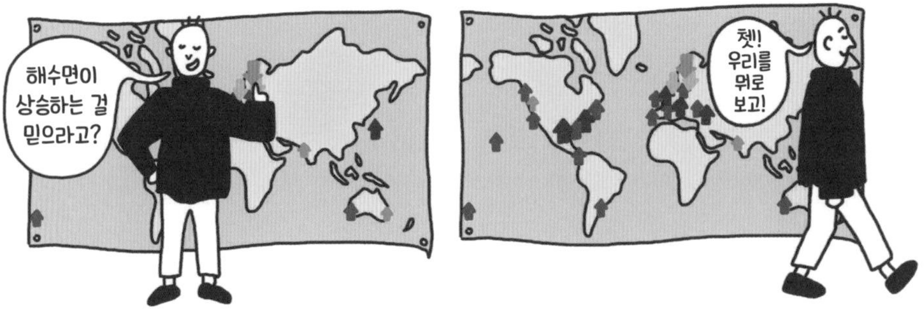

해수면이 몇몇 지역(특히 스칸디나비아반도)에서 드물게 내려가는 이유는
그곳의 지각이 상승했기 때문이에요.

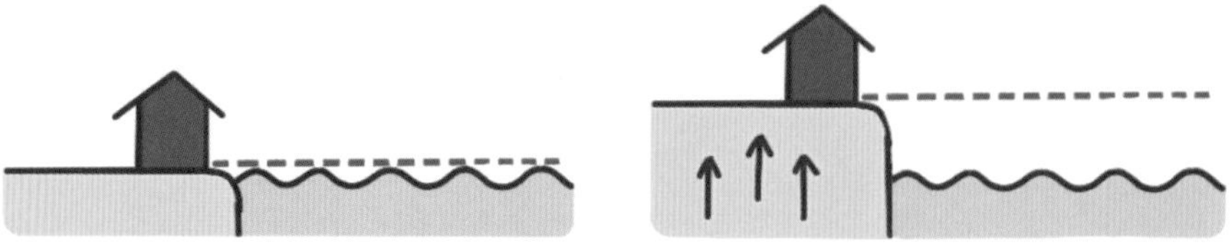

현재 해수면이 상승하는 이유는 무엇일까요?

지구 전체의 기온이 올라가기 때문은 틀림없어요. 현재 지구온난화는 인간의 활동으로 인한 온실기체의 배출 때문이라는 사실이 증명됐지요.

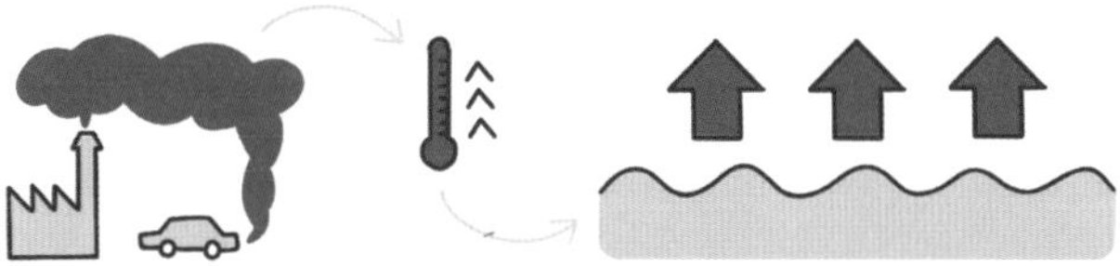

기후학자들은 미래를 어떻게 예측할까요?

미래의 해수면 상승은 앞으로 우리가 온실기체를 얼마나 배출하느냐에 달려 있어요.

지금 이산화탄소 배출을 멈추더라도 평균 해수면은 2100년에 0.43m 상승할 것이고, 이산화탄소 배출을 멈추지 못한다면 0.83m 상승한다는 예측이 이미 나와 있어요.

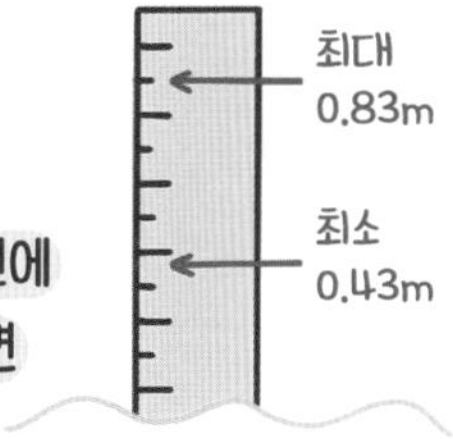

그 차이는 극지방의 빙모가 녹아서 어느 정도 영향을 미칠지 예측하기 어렵기 때문에 발생해요.

해수면이 올라가도 괜찮지 않을까요?

절대 아니에요. 경제적 비용과 인명 피해가 무시무시할 거예요.

해안 지역의 침수

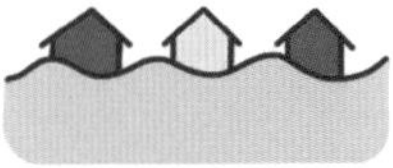

일부 섬이 물에 잠겨요.

담수의 해수화

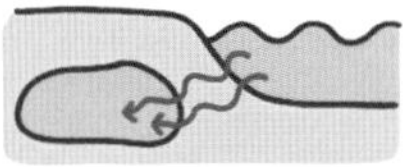

담수가 오염돼 마실 수 없어요.

해안 생태계 파괴

생물다양성이 사라져요.

극심한 기후 현상 심화

질문12(78쪽 참조)를 읽어보세요.

요점 정리

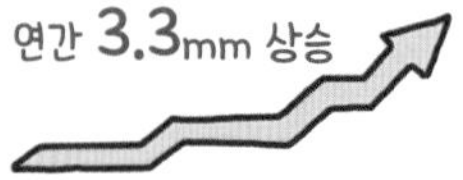

100년 전부터 해수면 상승이 심화됐어요.
현재 그 속도는 연평균 3.3㎜예요.

해양의 온도 상승과 대륙 빙하, 빙산, 극지방 빙모의 해빙이 원인이에요. 두 현상 모두 인간의 활동과 관련이 있어요.

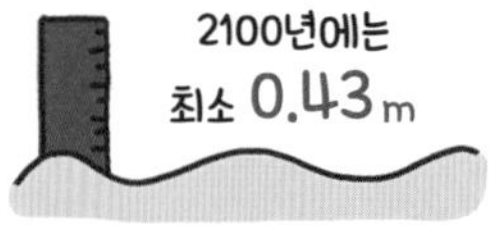

가장 긍정적이지만 실현 가능성이 가장 적은 시나리오에 따르면 해수면은 2100년에 지금보다 0.43m 상승할 거예요.

해수면 상승은 저고도면서 인구밀도가 높은 해안 지역에 심각한 결과를 초래할 거예요.

기후변화는 왜 해양의 산성화를 일으키나요?

질문 8

해양의 산성화는 무엇일까요?

매년 해양은 거대한 면적과 다양한 화학적·생물학적 반응을 통해 대기 중 이산화탄소를 대량으로 흡수해요.

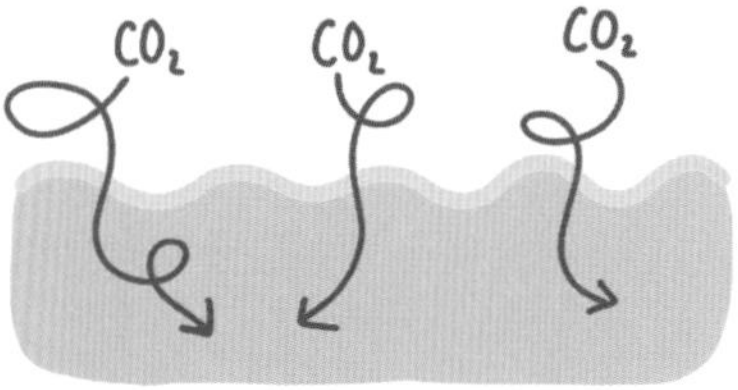

해마다 400억 톤의 이산화탄소가 발생하는데, 이 중 인간이 배출한 이산화탄소량의 약 25%를 해양에서 흡수해요.

문제는 이산화탄소가 해양에 흡수돼 분해될 때 바닷물의 수소 이온 농도를 낮추는 화학 반응을 일으킨다는 점이에요.

그러면 바닷물의 산성도가 높아져요.

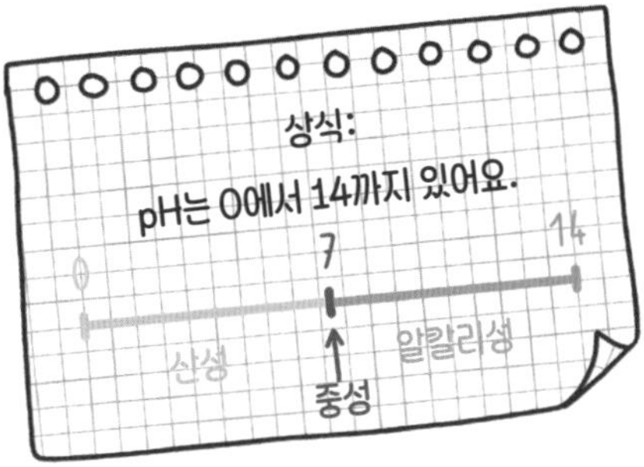

해양의 산성화를 일으키는 원인은 무엇일까요?

이산화탄소 배출

농업 활동

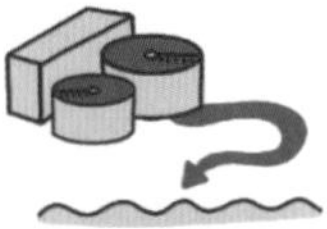

부영양화

인간이 배출한 이산화탄소는
해양 산성화의 가장 큰 원인이에요.

농업 활동은 많은 질소화합물을 대기 중으로
내보내요. 질소화합물도 해양에 흡수돼
바닷물을 산성으로 만들어요.

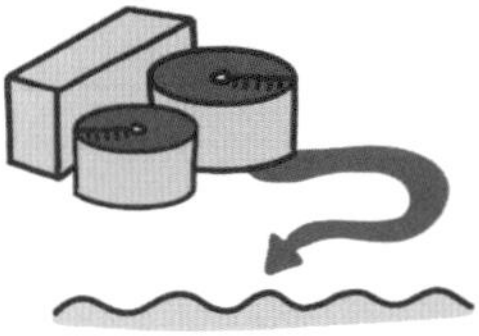

부영양화는 바닷물에 영양 성분이 너무 많아서
나타나는 현상이에요. 생태계의 균형을
깨트리고 pH를 변화시켜요.

해양 산성화의 변화

200년 만에 해양의 pH는 8.2에서 8.1로 낮아졌어요.

아주 작은 변화처럼 보이지만 사실 바닷물의 산성도가 30%나
증가한 거예요.

해양의 산성도 변화를 관찰하기 위해
과학자들은 15~30년 동안의 데이터를
수집할 수 있는 시계열을 사용해요.

관측소에서 측정된 pH는 일제히 낮아지고
있어요.

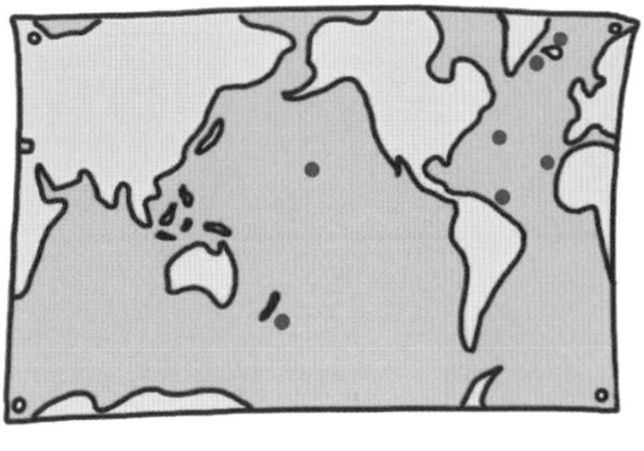

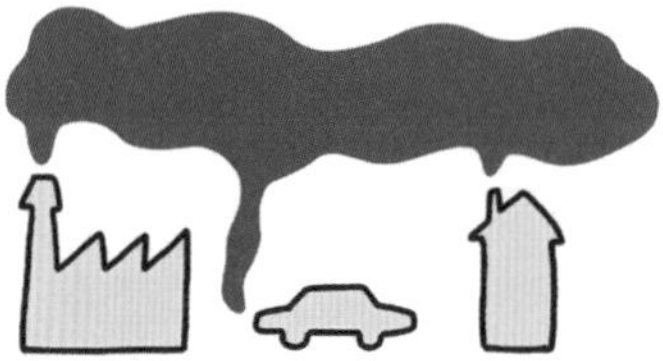

pH 8.1은 이미 과거에 도달했던 수치예요.

하지만 바닷물 산성도의 갑작스러운 변화는 산업혁명 이후 일어났고, 지난 6500만 년 동안 일어났던 자연적 현상과는 비교할 수 없어요.

해양의 산성화가 일으키는 현상

해양 생태계

바닷물의 산성도가 급격히 변하면 이에 적응하지 못하는 생물종이 많아져요.
해양의 산성화가 해양 생태계에 미치는 영향은 다음과 같아요.

일부 해양 생물은 세포 속 화학 구성을 조절하기 위해 더 많은 에너지를 사용해야 해요.

에너지를 쓸 곳이 새로 생겼기 때문에 성장이나 생식, 또는 스트레스 요인에 반응하는 능력 등에 쓸 에너지가 모자라요.

많은 해양 생물(산호, 조개류, 갑각류, 어류 등)의 껍질, 껍데기나 석회 뼈대가 조금씩 분해돼요.

바닷물의 산성화는 어류의 후각을 교란시키고 이상행동을 유발해요.

산성화의 영향은 무리의 성장 능력을 감소시키고 스트레스 요인으로 발생한 피해를 회복할 힘을 약화시켜요.

해변 지역 주민과 관광 산업

해양의 산성화는 생물다양성과 양식업에 피해를 입혀요. 인간 사회에도 영향을 미치지요. 바다에 생계가 달린 주민에게 자원과 서비스를 빼앗을 수 있어요.

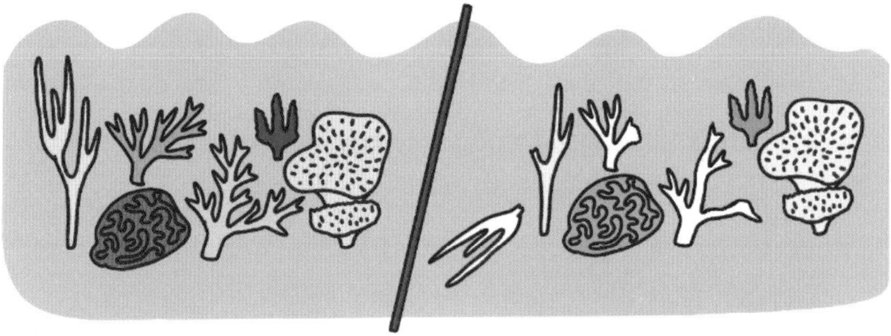

세계 식량 안보에 크게 기여하는 어업과 양식업은 이미 기후변화와 해양 산성화로 인해 위기에 처했어요.

열대 산호가 감소하면서 관광 산업, 빈곤 국가의 식량 안보, 해안 지역 보호에 지장을 줘요.

여기에서 기후 불평등 문제를 다루어야 해요. 해양의 산성화로 인한 결과를 가장 처음 경험할 주민들은 이산화탄소를 가장 많이 배출한 사람들이 아니에요.

이산화탄소 배출국들은 배출량을 줄여야 할 뿐만 아니라 가장 많은 피해를 입은 주민들이 적응할 수 있도록 도와야 해요.

요점 정리

해양의 산성화는 지구 기온이 1.5~2°C 상승하면
일어날 문제가 아니라 이미 발생한 문제예요.

예를 들어 과학자들은 2007~2015년 지중해 북서쪽에서
기온이 가장 빠르게 상승했다는 것을 증명했어요.

해양의 산성화(거의 확실해요)와 탈산소 현상(신뢰성이 높아지고 있어요)은
21세기에 온실기체 배출량과 상관없이 더 증가할 거예요.

멕시코 만류와 역전순환류가 기후변화에서 우리를 구해줄 수 있나요?

질문 9

멕시코 만류란 무엇일까요?

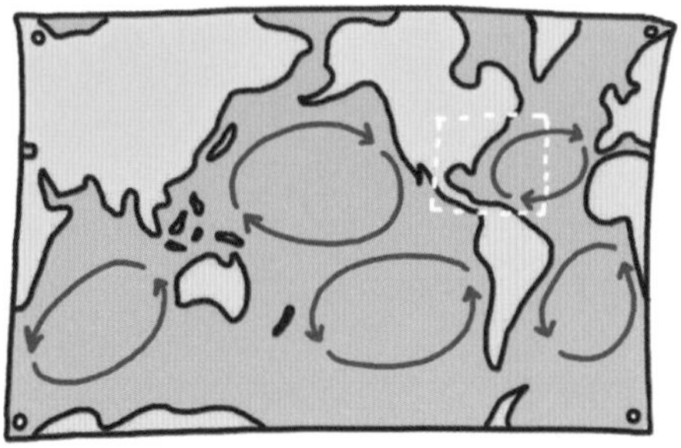

지표면에 부는 바람과 지구의 자전으로 바다에는 다섯 개의 환류가 형성됐어요.

환류는 바닷물이 크게 소용돌이치는 것과 같아요. 커다란 해류로 만들어지지요.

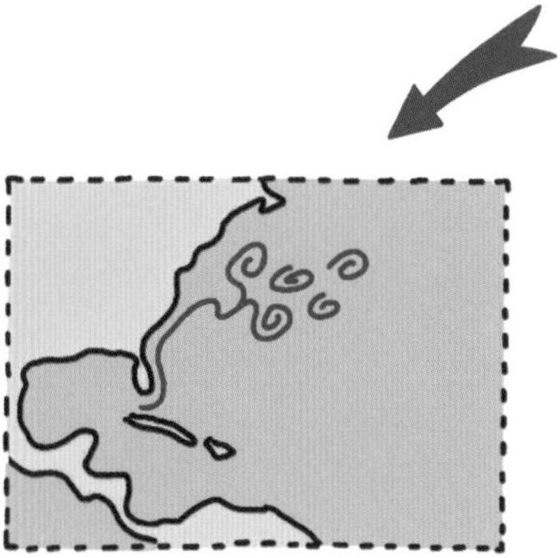

멕시코 만류는 북대서양 환류에 속해요. 미국 플로리다 해안과 남동쪽 해안으로 흐르다가 대서양에서 소용돌이로 바뀌어요.

역전순환류란 무엇일까요?

이 해류는 멕시코만에서 발생해요. 그래서 바닷물이 따뜻하고 짜요.
차가운 바닷물보다 가벼워서 해수면에 머물지요.

바닷물이 그린란드에 도착하면 차가워져서 극지방의 바닷물보다 더 무거워져요.
그러면 바닷물이 '잠수'하면서 남쪽으로 흐르는 깊은 바닷속 해류를 만나요.

이 모두가 '역전순환류'라고 부르는 고리를 형성해요.

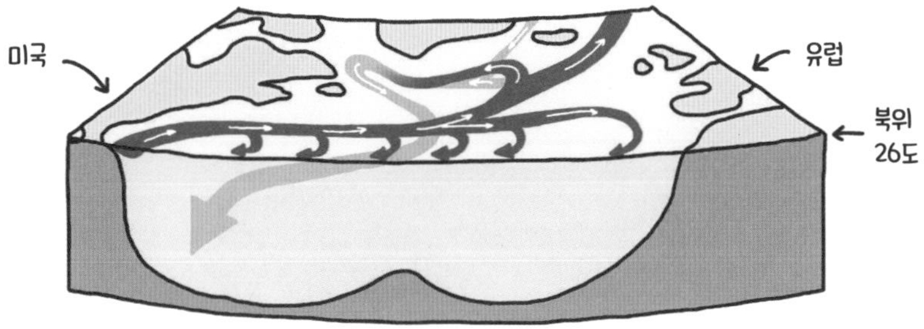

이 현상을 어떻게 발견했고, 또 어떻게 측정하나요?

멕시코 만류는 16세기에 어부들이 발견했어요. 1980년대 이후 해저 케이블을 통해 멕시코 만류의 강도를 계속 측정하고 있고, 1990년대부터는 위성으로 관찰하고 있어요.

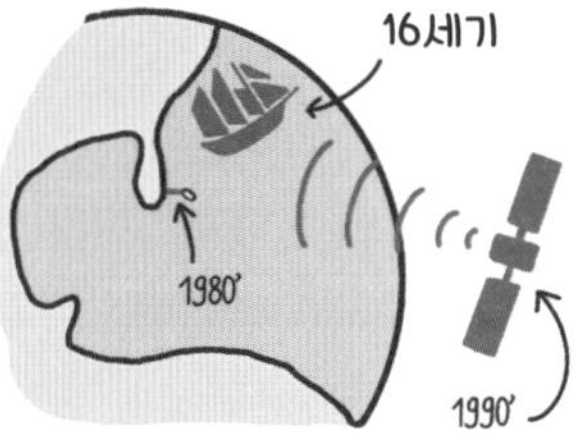

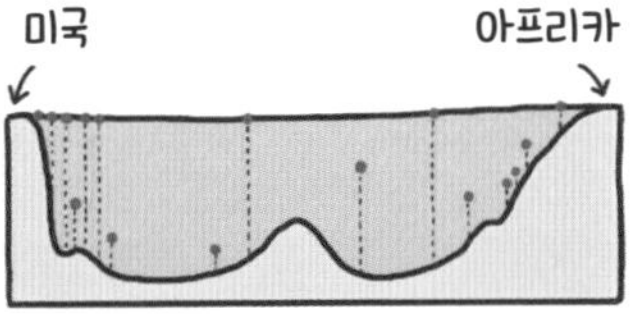

역전순환류의 강도는 2004년부터 측정했어요. 미국과 아프리카를 잇는 북위 26도선을 따라 설치한 기계로 측정해요.

하지만 직접 관찰한 경우는 많지 않아요. 과학자들은 컴퓨터 모델을 이용해서 연구하기도 해요. 컴퓨터 모델로 가설을 테스트하기 위한 모의실험을 할 수 있어요.

그 덕분에 역전순환류가 단순한 에스컬레이터가 아니라 더 복잡한 현상이고
한 달, 1년, 10년, 100년 동안 크게 변한다는 사실을 알게 됐어요.

멕시코 만류와 역전순환류는 지구에 어떤 영향을 미칠까요?

지구의 기후에 해양이 미치는 중요한 역할 중 하나는 흡수하고 남은 태양열을 적도에서 극지방으로 전하는 거예요. 멕시코 만류와 역전순환류가 여기에 기여해요.

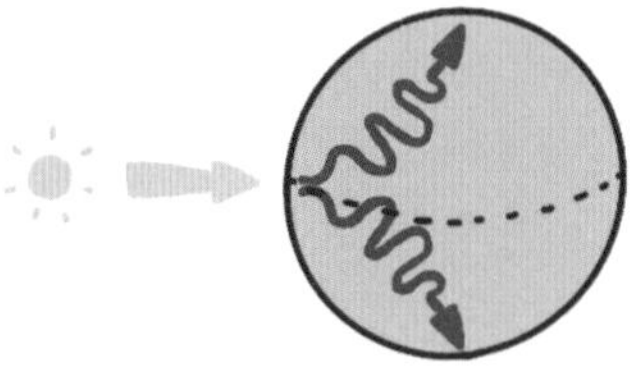

두 현상의 변화는 세계 기후에 영향을 미쳐요.

기온 강수 극심한 기후 현상 생물다양성

이 현상들은 다시 인간 사회에 영향을 미쳐요.

두 현상은 앞으로 어떻게 변할까요?

IPCC의 보고서에 영향을 미치는 기후 예측에 따르면 역전순환류가 21세기 말에 약해질 가능성이 매우 크다고 해요. 그 이유는 다음의 그림과 같아요.

하지만 21세기에 역전순환류가 완전히 없어지는 일은 거의 가능성이 없다고도 해요.

멕시코 만류는 바람이 불고 지구가 자전하는 한 멈추지 않을 거예요.

멕시코 만류가 느려지거나 완전히 멈추면 어떻게 될까요?

이미 이해했겠지만 멕시코 만류는 그렇게 빨리 멈추지 않을 거예요.
그러니까 역전순환류로 설명해 볼까요?

역전순환류가 멈춘다고 서유럽과 미국이 새 빙하기를 맞이하지는 않아요.
단 며칠 만에 그런 일이 발생하지는 않을 거예요.

아마 100년은 걸릴 거예요.

요점 정리

역전순환류가 느려질 가능성은 크지만 100년 정도에 걸쳐 느려질 거예요.

역전순환류는 일부 지역에서는 온난화를 완화시킬 거예요. 그러다가 온난화가 다시 심해질 거예요. 모든 모델이 전 세계의 온난화를 예측하기 때문이에요.

역전순환류가 줄어들어도 여름에는 항상 폭염이 발생할 거예요.

지구온난화 때문에 가뭄이 더 자주 발생할 수도 있나요?

질문 10

가뭄이란 무엇일까요?

가뭄은 비정상적으로 건조한 날이 오래 지속되면서
심각한 물 부족을 초래하는 현상이에요.

1. 처음에는 기상학적 가뭄으로 시작해요.
(비가 비정상적으로 안 오는 것이에요.)

2. 이 상황이 지속되면 농업적 가뭄이 돼요.
(식물의 성장에 필요한 지하수가 줄어들어요.)

3. 이 상황이 다시 수문학적 가뭄을 일으켜요.
(지하수층과 하천의 유량이 감소해요.)

가뭄에 영향을 주는 요소

기후 | 지나간 계절 | 토양의 종류 | 심어져 있는 식물

물 부족은 비정상적인 날씨, 지표면에서 일어나는 작용, 인간이 저장한 물 사이의
복잡한 상호작용이 만들어낸 결과예요.

가뭄은 어떻게 관찰하고 측정할까요?

가뭄은 곳곳에 설치한 측정소에서 강수량, 기온, 대기의 증발 능력, 토양의 습도 등을 측정해서 관찰해요.

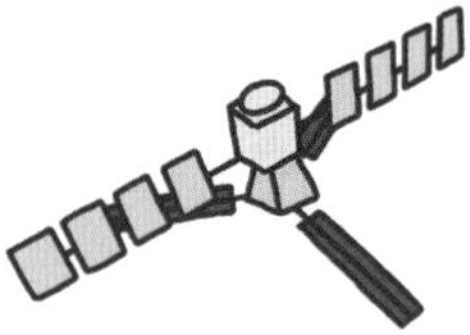

뿐만 아니라 위성으로 식물의 상태, 토양의 습도, 강수량을 관측한 데이터도 사용해요.

여러 시스템을 동원해서 국가 단위나 대륙 단위로 가뭄의 변화를 파악할 수 있어요.
미국에는 연방가뭄감시센터가 있고 유럽에는 가뭄관측소가 있어요.
반면 이런 시스템을 갖추지 못한 개발도상국은 가뭄에 매우 취약해요.

가뭄은 앞으로 어떻게 변화할까요?

온실기체 배출량이 줄어들지 않는다면 2100년에는 육지의 3분의 1에서 적어도 중간 등급의 가뭄이 발생할 거예요.

기후 예측으로 강수량이 감소하고 기온이 상승한다는 것을 알아냈어요. 이 두 가지가 합쳐지면 1년 내내 많은 지역에서 가뭄이 발생할 가능성이 높아질 거예요.

가뭄의 결과

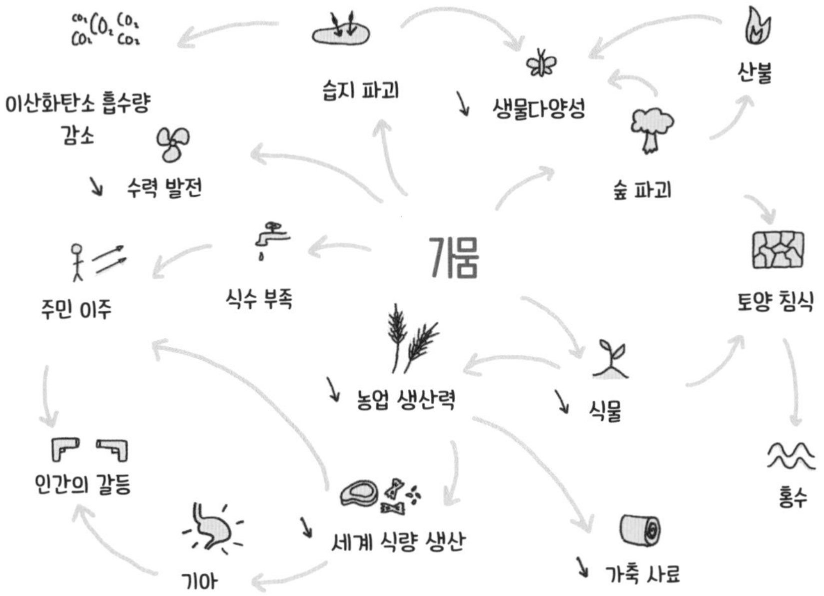

가뭄과 기후는 악순환의 관계일까요?

가뭄은 지구온난화를 가중시켜요.

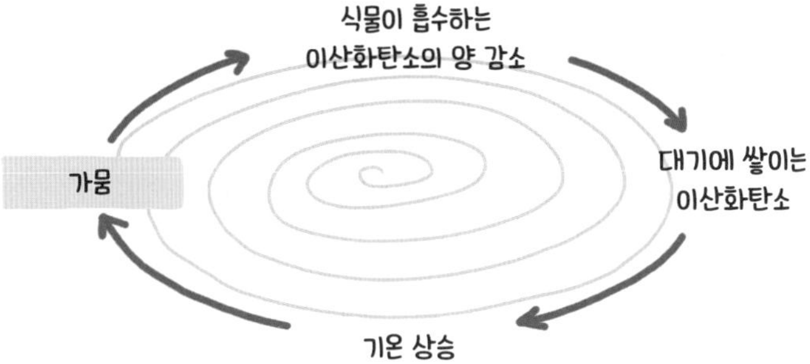

요점 정리

기후변화는 물의 순환도 가속화하기 때문에 많은 지역에서 홍수를 일으키는 강한 비가 내리고 심각한 가뭄이 발생할 거예요.

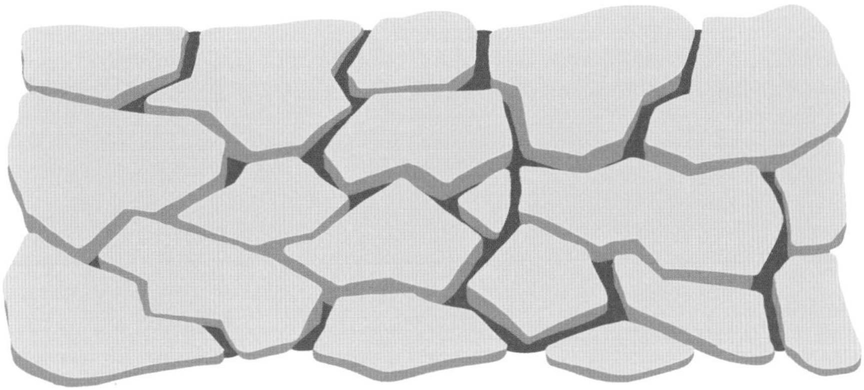

기후변화로
폭염이 더 잦아질까요?

질문 11

이상고온, 무더위 또는 폭염?

이상고온

짧은 기간(24~48시간)에 기온이 예년보다 매우 높은 상태예요.

폭염

며칠에 걸쳐 비정상적으로 높은 기온이 관측되는 상태예요.

사실 세계적으로 통일된 개념 정의는 없지만 보통 세 가지 기준을 사용해요.

이 기준으로 정의가 달라져요.

기준선 초과

최고 기온, 최저 기온, 평균 기온, 기온과 습도

지속 기간

한 달 또는 1년 중 계속된 기간

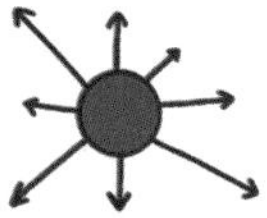

공간적 확장

한 지역에 한정됐거나 확장된 현상

기준선, 변수, 조건의 선택은 지리적 위치(기온이 28℃까지 올라가는 일은 시칠리아섬보다 노르웨이에서 더 드물어요)와 연구 대상(건강, 농업, 에너지 생산 등)과 관계가 있어요.

폭염은 어떻게 나타날까요?

온대 지역에서 폭염의 출현은 지역의 기상 조건에 의해 결정돼요.
일반적으로 두 가지 조건 중 하나에 의해 발생하지요.

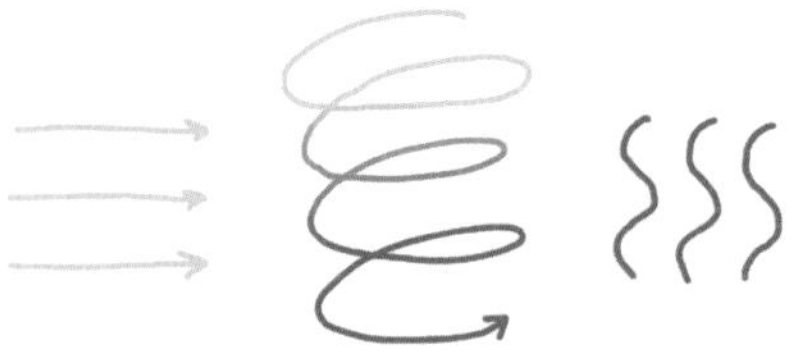

지속적인 고기압

해양의 시원한 공기가 지나가는 길목을 고기압이 막을 때 기온이 계속 상승해요.

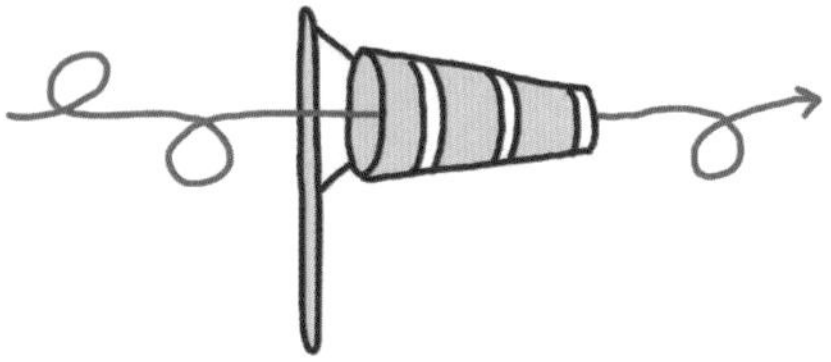

지속적인 더운 바람

더운 지역에서 바람이 계속 불어오면 바람이 방향을 바꾸기 전까지는 기온이 계속 상승해요.

가뭄이 폭염을 가중시킨다는 것도 잊지 말아요.

폭염의 원인을 무조건 지구온난화라고 할 수 있을까요?

폭염이 생길 가능성은 인간의 활동으로 인한 지구온난화 때문에 많이 증가했어요.

이를 증명하기 위해 과학자들은 인간의 영향이 있을 때와 없을 때를 구분해 폭염 발생 가능성을 비교해요.

그리고 동일한 강도의 폭염이 다시 발생하는 평균 기간을 통계 내요.

2019년에 유럽에서 발생한 폭염

인간의 영향이 있을 때 재발 기간: 50~150년

인간의 영향이 없을 때 재발 기간: 500~1500년

열 배나 차이가 나요!

폭염이 건강에 미치는 영향

모든 사람이(네, 한 명도 예외가 없어요!) 다음과 같은 폭염의 영향을 받아요.

심한 피로

심혈관 질환

호흡계 질환

조숙아 출생

폭염이 발생하면 사망 위험이 네 배나 상승해요.

2050년 이후에는 어떤 일이 벌어질까요?

요점 정리

인간이 일으킨 기후변화는 이미 기상 이변의 가능성을 높였고 앞으로도 높일 거예요.

인간이 일으킨 기후변화 때문에 2050년이 되면 폭염은 지금보다 두 배나 자주 발생하고 더 강해질 거예요.

기후변화 때문에 태풍이 더 많이 발생하나요?

질문 12

사이클론, 허리케인, 태풍은 무엇일까요?

모두 열대성저기압이에요. 풍속이 시속 118km가 넘는 바다 폭풍이지요. 발생하는 지역에 따라 이름이 다를 뿐이에요.

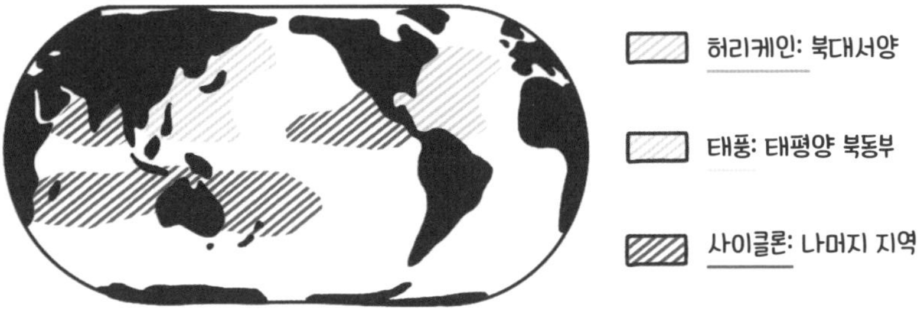

열대성저기압이 형성되려면 바다 온도가 26℃ 이상이어야 해요. 그리고 습기, 열, 바람이 높아야 해요.

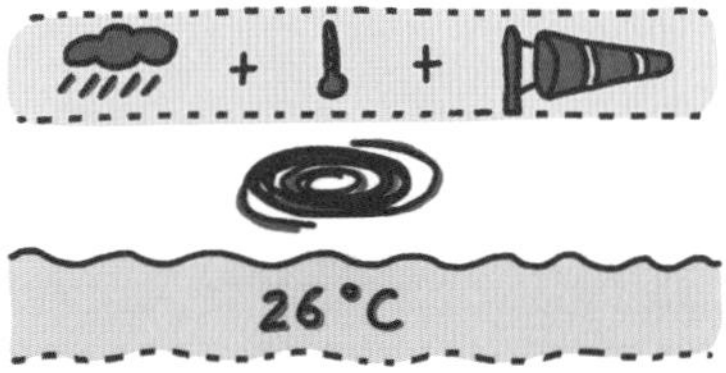

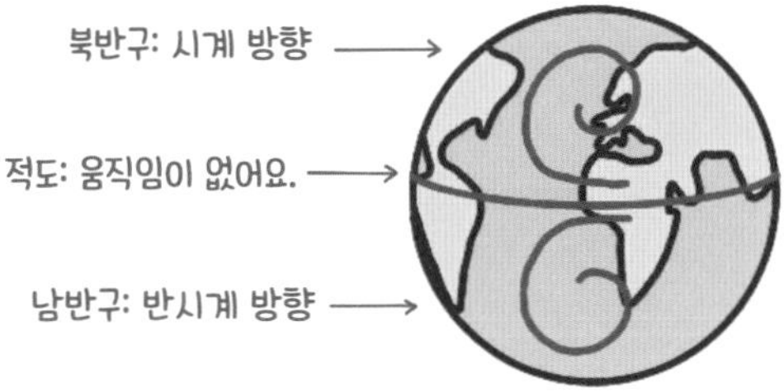

열대성저기압은 북반구나 남반구에서 대기가 서로 반대 방향으로 움직이는 코리올리 효과 때문에 발생해요.

코리올리 효과는 적도에서는 0이 돼요. 그래서 적도에는 열대성저기압이 발생하지 않아요.

열대성저기압은 사피어-심프슨 등급에 따라 5등급으로 나뉘어요.

열대성저기압이 더 자주 발생할까요?

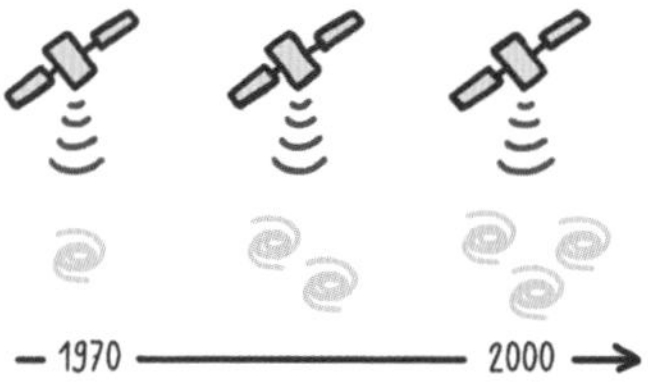

1970년대부터 열대성저기압의 발생을 관찰하고 있어요. 북대서양에서는 허리케인의 발생 건수가 증가하고 있어요.

하지만 열대성저기압의 발생은 수십 년을 주기로 달라져요. 그러니까 지난 50년의 변화만 보고 증가하는 경향이라고 말할 수는 없어요.

더 강한 열대성저기압이 발생할까요?

맞아요. 지구온난화로 대기의 온도가 상승하기 때문이에요.

공기가 따뜻해지면 습기를 더 많이 머금고 극심한 기후 현상이 일어나면서 더 강한 에너지를 발휘해요.

그러면 비가 더 강하게 내리고 바람도 강해져서 점점 더 강한 열대성저기압이 발생해요.

기후학자들은 열대성저기압의 발생 건수뿐만 아니라 강도와 규모도 우려하고 있어요.

새로운 지역에서도 열대성저기압이 발생할까요?

지난 35년간 열대 지역이 북극과 남극으로 확장된 것이 관찰됐어요.

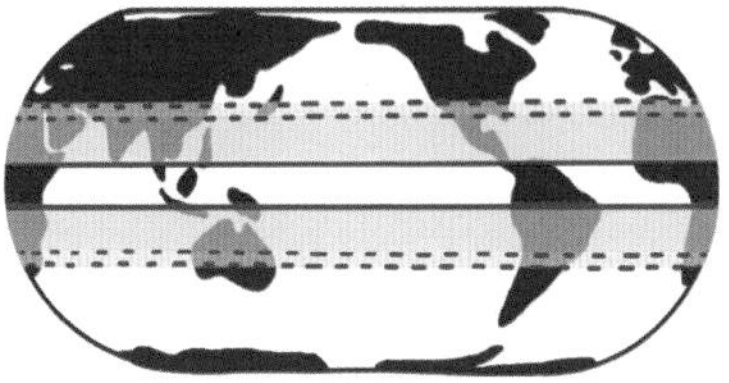

열대성저기압이 발생하는 지역도 마찬가지예요. 열대성저기압의 최대 영향권은 10년마다 115km씩 커지고 있어요. 위도로 약 1도 확장된 것이에요.

인간의 활동과 열대성저기압의 영향

열대성저기압은 인간의 활동과 직간접적으로 관계가 있고 그 영향은 점점 더 증가할 거예요.

해안 지역의 도시화

인구밀도가 더 높아지고 이를 고려하지 않고 건설된 도시들

완충 지대 파괴

파도를 막고 열대성 저기압의 영향을 줄여주는 맹그로브 파괴

해수면 상승

바람으로 바닷물이 육지로 더 많이 들어오면서 일어나는 피해

요점 정리

열대성저기압은 기후변화, 특히 바다의 온도 상승과
바람의 변화에 영향을 받아요.

앞으로 열대성저기압의 발생 건수는
늘어나지 않을 수도 있어요.

하지만 강수량과 풍속이 더 강한 열대성저기압이
발생하는 건 분명해요.

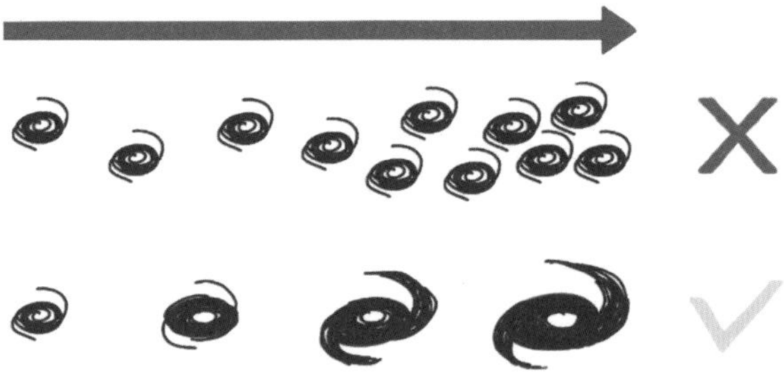

더 강한 열대성저기압에 노출되면
인적 피해와 물적 피해는 더욱 커질 거예요.

홍수와 기후변화는 관련이 있나요?

질문 13

홍수는 무엇일까요?

"홍수는 하천 혹은 또 다른 물이 정상 범위를 넘어서 불어나거나 정상적인 상황에서는 침수되지 않는 지역에 쌓이는 것이다."

IPCC의
<지구온난화 1.5도>
특별보고서

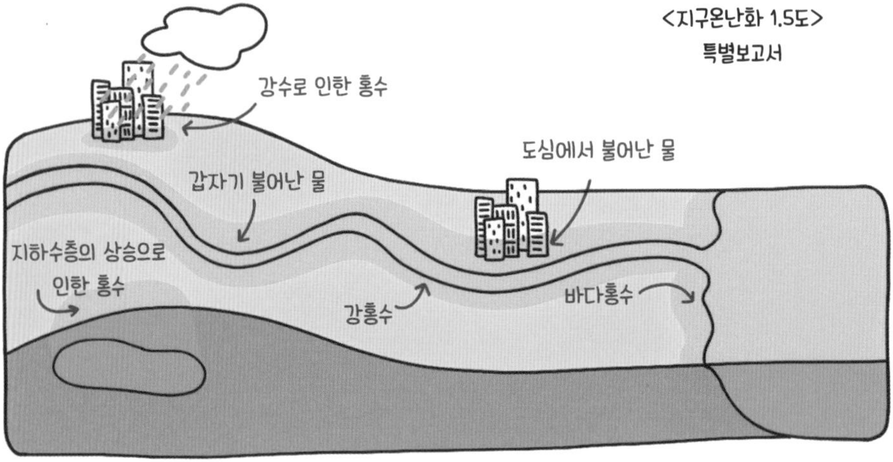

홍수의 특징

강홍수(역사적으로 가장 빈번했던 홍수)의 강도는 세 가지 변수에 따라 달라져요.

모든 변수는 강수량, 물이 모여 흘러드는 유역의 상태, 하천의 특징에 따라 달라져요.

비가 많이 내린다고
꼭 홍수가 나는 건 아니에요.

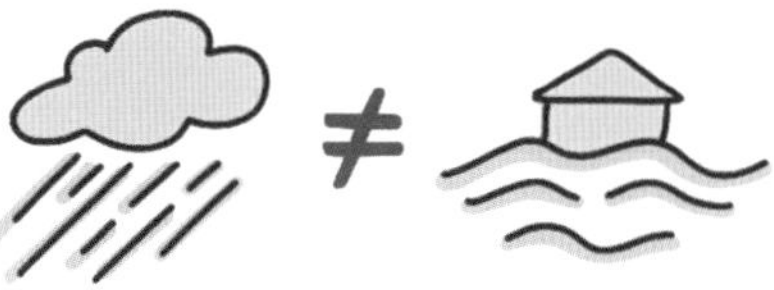

홍수를 사망자 수나 피해 규모로만
따져서도 안 돼요.

기후변화 때문에 홍수가 더 심해질까요?

과거와 현재

2021년 8월 9일 IPCC가 발표한 보고서에서는 다음과 같은 결론을 냈어요.
인간의 활동에 기인한 기후변화로

- 1950년대 이후 폭우의 발생 건수와 강도가 상승했어요.

- 전 세계 모든 지역의 기상 현상에 영향을 미쳤고 극심한 기후 현상을 일으켰어요.

미래

온난화가 계속되면 다음과 같은 이상기후가 나타날 거예요.

· 지역마다 극심한 기후 현상을 더 자주 겪고 그 영향도 늘어날 거예요.

· 해수면의 상대적 상승으로 해안 지역의 홍수가 빈번해지고 심해질 거예요.

· 홍수는 (지금도 그렇지만) 더 빈번하고 더 심해질 거예요.

· 더운 공기가 수증기를 더 많이 머금으면서 강수로 인한 홍수가 더 자주 발생할 거예요.

홍수를 감시하고 있지만 준비는 부족해요.

전 세계 많은 나라에서 홍수를 알리는 경보 시스템을 갖추고 있어요.
홍수의 위험을 예측하고 주민에게 그 위험성을 잘 알릴 수 있어요.

홍수 경보 시스템으로 이상기후를 예측할 수 있지만
국토를 충분히 정비하지 않았어요.

토양이 물을 머금어요.

주민들이 계곡에 살 수 없어서 이주해요.

해안과 강가의 건축물이 위험에 노출돼요.

토양이 점점 더 개발돼요.

많은 시설에서 피해 아동을 돌봐요.

홍수 vs 가짜 뉴스

홍수가 일어날 때마다 누군가가 이렇게 말하는 걸 들었을 거예요.

가짜 뉴스는 늘 생겨요.

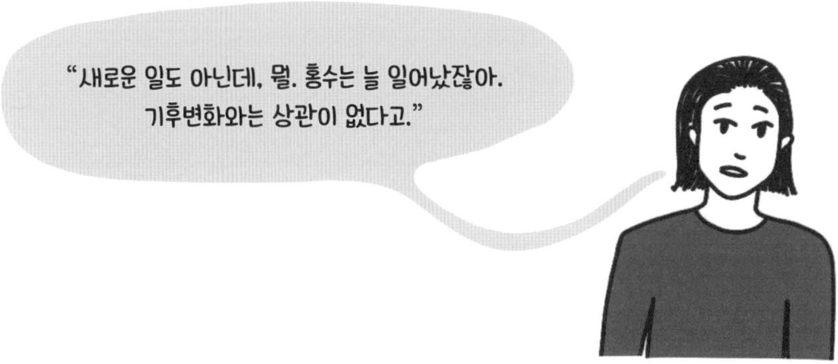

5년 전부터 극심한 기후 현상이 일어나면 과학자들은 기후변화 때문에
발생 가능성이 더 커진 것인지 알 수 있어요.

과학자들은 수십 년 동안 이루어진 관측 데이터를 근거로
온실기체가 있을 때와 없을 때 모의실험을 한 결과를 비교해요.

요점 정리

독일, 벨기에, 룩셈부르크, 뉴욕에서 최근 발생한 홍수는 선진국이라도
홍수를 피할 수 없다는 사실을 보여주었어요.

그러나 아직까지는 건물 1층이나 지하에 사는 서민들이 가장 큰 피해를 입어요.

기후 불평등은 전 세계 모든 국가에서 나타나고 있어요.

대형 산불도 기후변화와 관련이 있나요?

질문 14

대형 산불의 특징

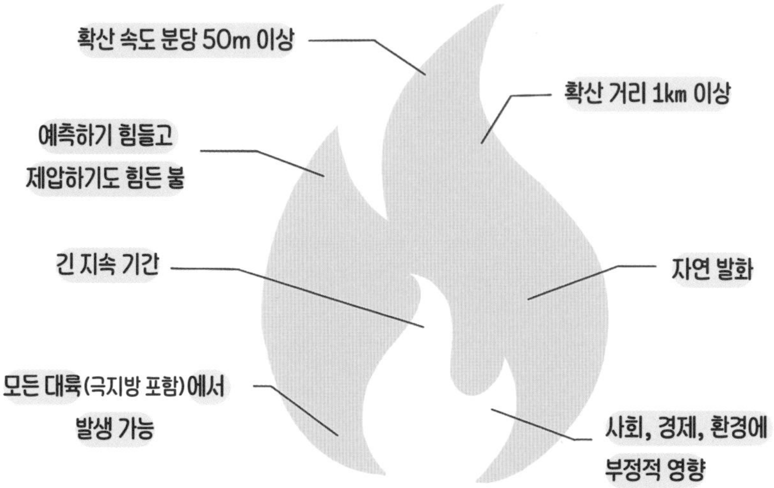

산불은 어떻게 관측하고 규모를 파악할 수 있을까요?

전 세계적으로 산불로 없어진 면적은 인공위성이 보내준 데이터로 알 수 있어요. 지상 관측과 녹지 면적에 관한 정보로 현재 발생한 산불의 수를 측정해요.

프랑스에서는 산불 발생 위험 지역의 변화를 산불기상지수(IFM)로 측정해요. 이 지수가 높을수록 산불이 일어날 가능성이 커요.

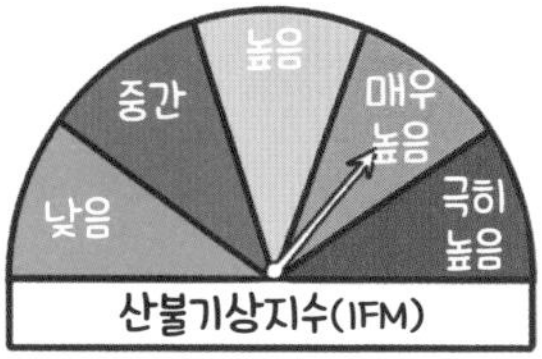

대형 산불은 왜 일어날까요?

극심한 기후 조건

강도가 센 산불은 모두 극심한 기상 조건과 관련이 있어요.

가뭄과 기온 상승

식물과 토양이 마르면 더 쉽게 타고 산불이 더 빨리, 더 멀리 퍼질 수 있어요.

인간이라는 요인

산불을 (의도적으로든 사고로든) 일으키는 원인은 주로 인간이에요.
무엇보다도 인간은 산불이 더 빠르게 더 멀리 확산되도록 하는 기후 조건을 생성시킨 주범이에요.

기후변화 회의론자들은 대형 산불이 일어나는 두 가지 자연적 원인을 주로 언급해요.
인간의 영향은 부정하고요.

엘니뇨

쌍극자 모드 변화

이 두 기후 현상(열대 태평양과 인도양)이 산불을 더 잘 일으킬 수도 있다는 건 사실이에요.

하지만

이 현상들이 산불 발생을 촉진하는 조건은 산업 시대 이전의 자연적 가변성에 비해 훨씬 더 빈번하게 발생해요.

호주에서 발생했던 산불(2019~2020)은 1990년대의 전형적인 기후에서보다 현재 기후에서 일어날 확률이 아홉 배나 높았어요. 시베리아에서 일어난 산불(2019)은 산업 시대 이전보다 발생 확률이 600배나 높았고요.

대형 산불은 어떤 영향을 미칠까요?

1 

생물다양성

산불은 멸종위기종을 포함해서 수백 개의 생물종이 사는 서식지를 파괴해요.

2 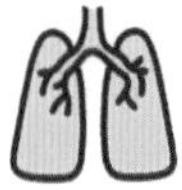

공기의 질+건강

세계보건기구에서 발암 물질로 인정한 물질을 대량으로 배출해요.

3 

이산화탄소 배출

2019~2020년 호주에서 발생한 화재로 900메가톤의 이산화탄소가 배출됐어요. 이는 지난 30년간 중형 화산이 폭발했을 때 나온 이산화탄소보다 많은 양이에요.

미래에는 어떻게 될까요?

전 세계적으로 극심한 기후 현상(가뭄, 폭염 등)이 더 자주 발생하기 때문에 IPCC의 보고서에서는 산불도 증가할 것으로 보고 있어요.

1979~2013년에 산불이 난 기간이 20% 가까이 늘어났다는 연구가 있어요.
산불이 일어난 기간이 길어지면서 피해 면적이 두 배나 증가했어요.

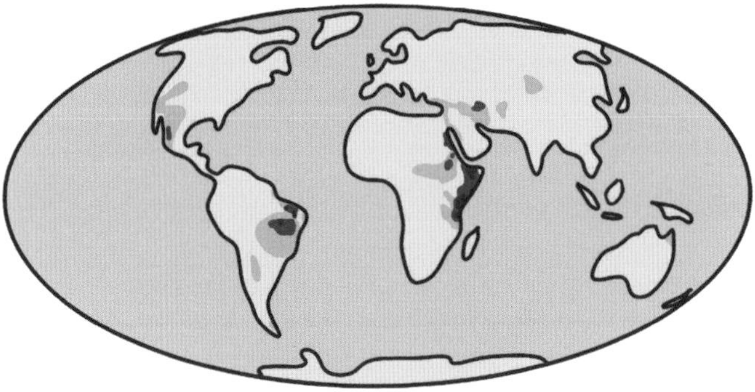

연중 산불이 일어나는 시기가 잦아진 지역

IPCC는 특별 보고서 〈기후변화와 침수 지역〉(2019년)에서
특히 북아메리카와 남유럽에서 산불이 증가한다고 예측했어요.

요점 정리

호주에서 2019~2020년 발생한 산불은 워낙 강하고
넓게 퍼져서 전 세계를 놀라게 했어요.

안타깝게도 기후변화로 인해 앞으로는 더 자주 대형 산불이
발생할 것에 대비해야 해요.

기후 모델이란 무엇인가요?

질문 15

기후 모델이란 무엇일까요?

IPCC의 보고서:

기후 시스템에 관한 우리의 지식을 통합하고 대기, 해양, 지표면, 눈과 얼음, 전 세계 생태계, 다양한 화학 및 생물학적 프로세스 간의 복합적인 상호작용을 최대한 충실하게 시뮬레이션할 수 있는 최첨단 컴퓨터 프로그램입니다.

지구의 에너지 균형은 기후 시스템을 구성하는 네 개의 인자에 달려 있어요.
이 인자들을 기후 모델로 주로 처리했지요.

대기 인자

구름과 에어로졸을 시뮬레이션하고 열과 바닷물의 움직임에 중요한 역할을 해요.

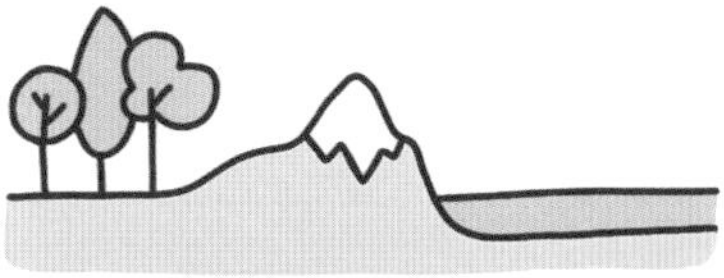

지표면 인자

지표면의 특징(식물, 눈, 물, 하천)과 탄소 저장을 시뮬레이션해요.

해양 인자

해류의 움직임과 뒤섞임을 시뮬레이션해요. 해양은 열과 탄소의 저장고니까요.

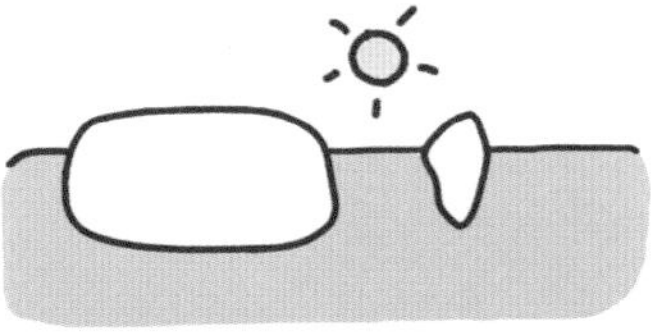

빙산 인자

태양광선의 흡수와 함께 대기와 바다 사이에 일어나는 열과 물의 교환을 시뮬레이션해요.

기후 모델의 변화

기후 모델은 1970년대부터 복잡하게 발전했어요.
자연의 변화를 점점 더 고려하고 있어요.

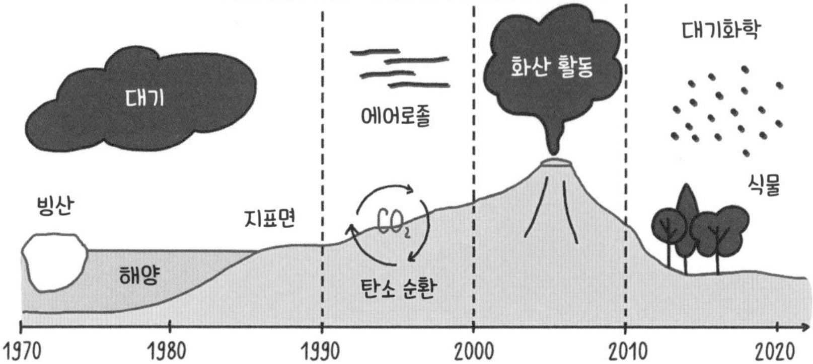

기후 시스템과 그 안에서 일어나는 수많은 상호작용이 워낙 복합적이어서 컴퓨터 모델링이 과거와 미래의 기후를 알아보는 유일한 방법이었어요.

기후 모델은 어떻게 작동하나요?

수많은 프로세서로 구성된 컴퓨터들이 수 개월에서 수천 년에 이르는 기간에 일어난 기후변화를 시뮬레이션할 수 있어요.

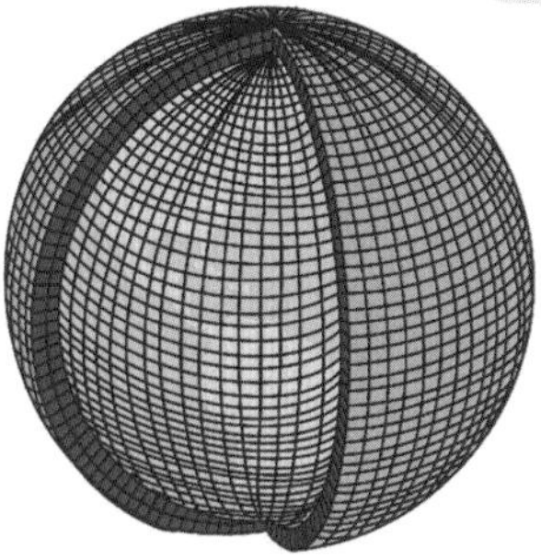

이를 위해 지구본의 지각층을 그물처럼 잘랐어요.
(위도, 경도, 고도/깊이)

시간도 눈금으로 나누었어요. 프로그램들은 눈금 1개에 대해 기후 시스템 인자들(기온, 기압 등)의 상태 변수가 나타내는 변화를 계산했어요.

눈금이 촘촘할수록 시뮬레이션 기간이 길고 계산 시간도 길어요.

예를 들어 100㎞의 눈금에 대해 2000년 동안의 변화를 시뮬레이션하려면 1년 내내 걸릴 거예요.

조심해요, 가짜 뉴스!

기후변화 회의론자들은 기후 모델에 관해 두 개의 가짜 뉴스를 퍼뜨려요.

"기후 모델은 실험을 거치지 않았어." 틀렸어요!

기후 모델은 몇 년에 걸쳐 여러 국제 연구팀이 테스트하고 또 테스트했으며 유효성을 인정하고 평가했기 때문에 매우 믿을 만해요.

"과학자들은 항상 틀려."

2000년대 기후 모델이 지난 20년 동안의 기후를 얼마나 정확히 예측했는지 이미 살펴보았어요. 그 이후로 기후 모델은 더 완벽해졌어요.

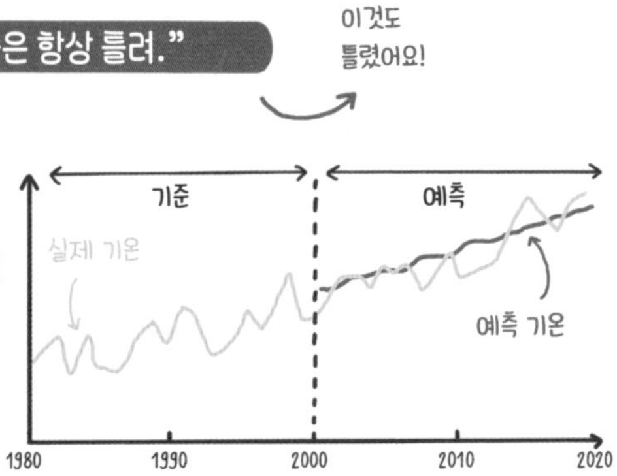

요점 정리

기후 모델은 지구의 기후를 이해하고 시뮬레이션하는 데 꼭 필요한 도구예요.

몇 년 동안 여러 국제 연구팀에서 기후 모델을 테스트하고 평가했어요.

기후 모델의 예측은 수자원 관리, 농업, 교통 등 국가, 지역, 도시의 기후 관련 정책을 결정하는 데 도움을 준다는 사실을 잊지 말아요.

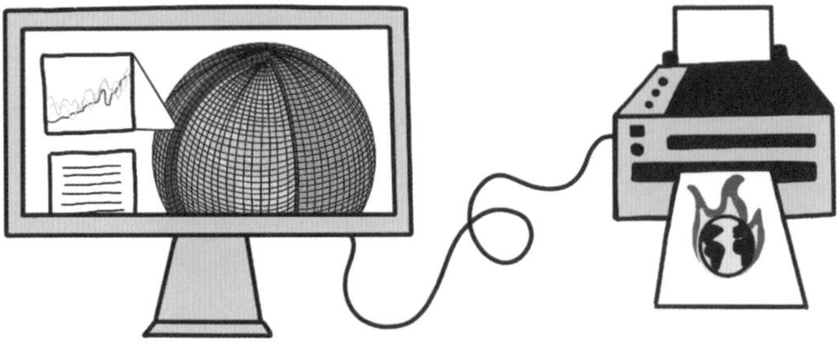

영구동토 해빙은 기후 위기를 가속화시킬까요?

질문 16

영구동토란 뭘까요?

영구동토는 1년 내내 얼어 있는 땅이에요. 극지방에서 기온이 떨어지면 땅 깊은 곳까지 얼고 얼음이 얼면 땅 사이로 물이 침투하지 못해요.

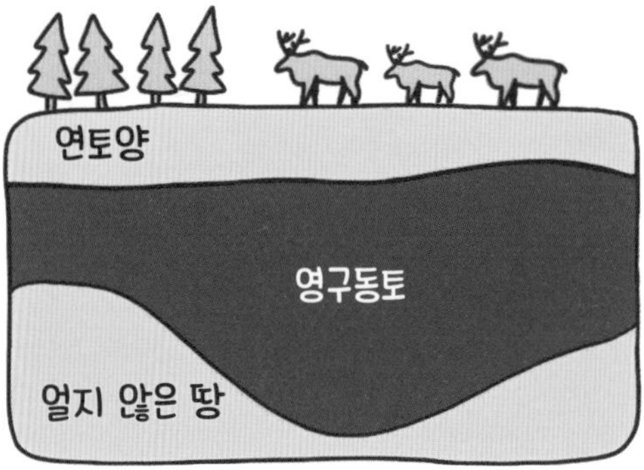

지표면의 땅(두께 15~250cm)은 여름에 녹고 겨울에 얼어요.

계속 얼어 있는 땅
(두께 수십km)

영구동토는 대부분 8000~1만 2000년 전에 빙모가 녹아서 드러난 땅에 형성됐어요.

영구동토는 수백만 년 전에 형성된 곳도 있어요.

영구동토층이 녹으면 두 가지 유형의 풍경이 나타나요.

지상: 열카르스트

얼음이 녹으면서 땅 곳곳이 꺼지고 물이 고여요.

해안: 절벽 침식

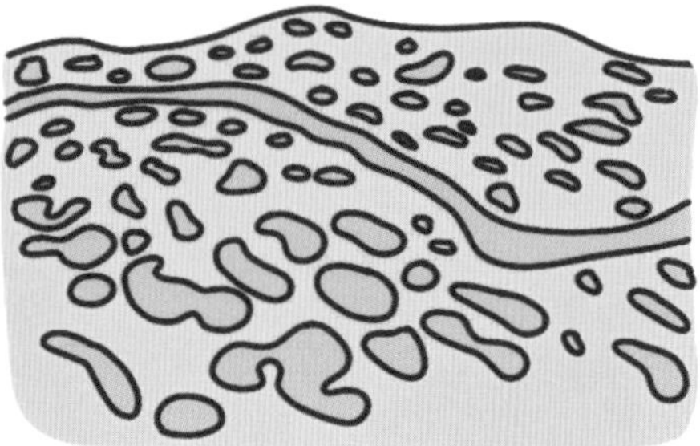

영구동토는 어디에서 볼 수 있나요?

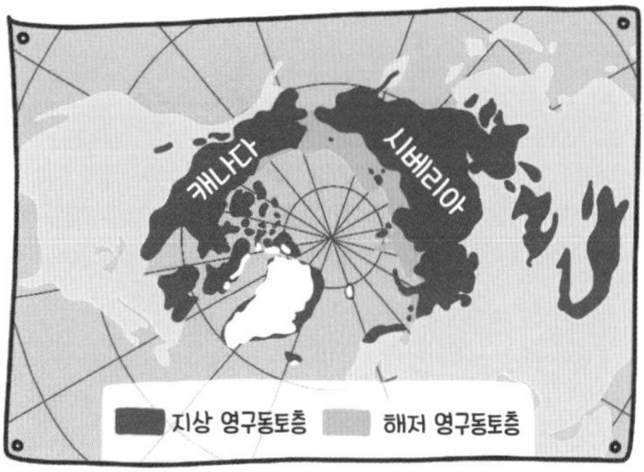

영구동토층은 주로 북반구에 있어요.

- 시베리아(780만㎢)
- 캐나다(500만㎢)
- 알래스카(50만㎢)
- 티베트고원
- 그린란드 해안
- 스칸디나비아반도
- 일부 산맥
- 해저

전체적으로 북반구에는 1500만㎢(육지의 20~25%)의 영구동토가 있어요.

현재 300만~400만 명이 영구동토에 살아요.

체크체크!

IPCC에서는 제5차 평가보고서(AR5)에서 다음과 같이 밝혔어요.

· 2100년까지 지표면의 영구동토가 계속 사라질 거예요.

· 가장 긍정적인 시나리오: 총면적의 8~40% 소실

· 가장 부정적인 시나리오: 총면적의 49~89% 소실

영구동토가 녹으면 왜 문제가 될까요?

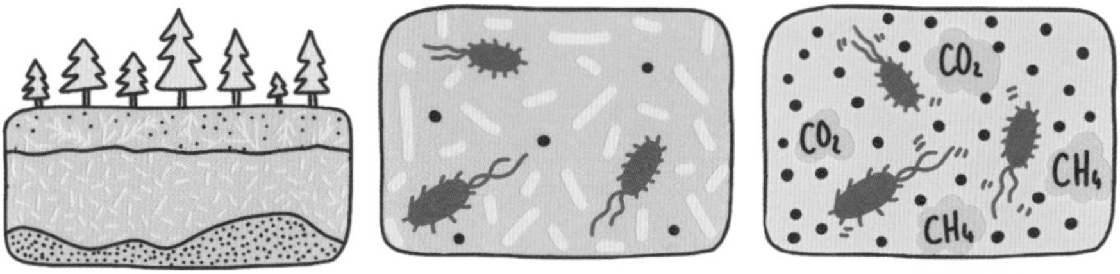

수만 년 전부터 얼어 있던 땅에는 식물 잔해가 쌓여 있어요.

땅이 얼었기 때문에 식물 잔해도 박테리아에 의해 분해되지 못했어요. 추위 때문에 박테리아의 활동이 느려졌기 때문이에요.

영구동토가 녹으면 박테리아의 신진대사가 빨라져요. 유기체는 이산화탄소나 메탄으로 빠르게 분해돼요.

**영구동토에는 1460~1600기가톤의 탄소가 포함돼 있어요.
대기 중 탄소보다 두 배나 많은 양이에요.**

영구동토의 해빙은 악순환을 일으켜요. 원인이 결과를 촉진하는 방향으로 일어나는 양성 피드백 순환이 일어나요.

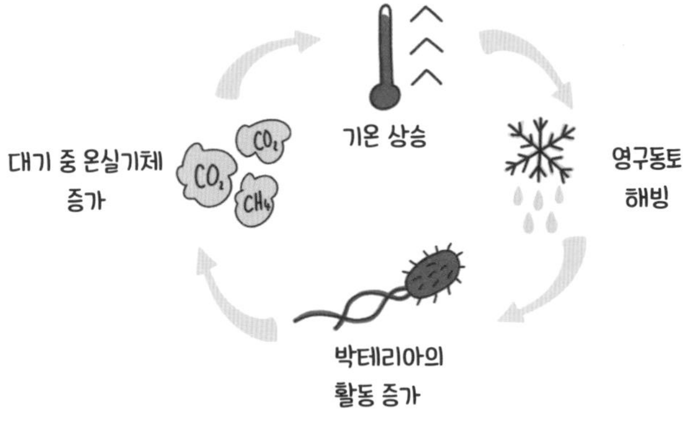

인류는 기후 위기의 티핑 포인트에 도달했을까요?

지금까지 연구를 보면 어떤 한계점이 있고
그 지점을 지나면 돌이킬 수 없다고
생각할 수 있어요.

하지만 IPCC에서는 최근 보고서에서 영구동토의 해빙이 오랜 기간에 걸쳐 이루어질 것이고 기온을 크게 상승시키겠지만 '과도한 상승'을 일으킬 정도는 아니라고 밝혔어요.

물론 영구동토, 특히 눈의 해빙에 영향을 미치는 여러 가지 요인을 모두 고려한 것은 아니에요.

영구동토의 해빙은 다음과 같은 결과를 일으켜요.

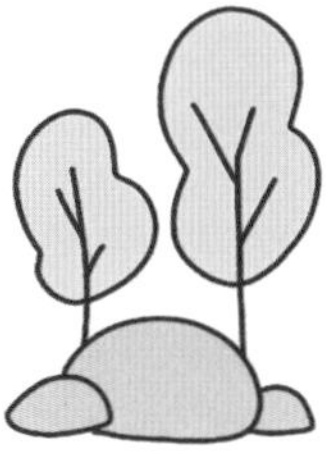

자연적 위험

· 산사태
경사로의 땅이 녹으면 진흙으로 변해요.
· 해안 침식
해안 영구동토의 얼음이 녹고 바위가 바다로 떨어져요.
· 극지방의 산불 증가
토양이 건조해지고 기온이 상승하기 때문이에요.

산업적 위험

· 영구동토에 세운 기반 시설 파괴
파이프라인, 교각, 도로, 철도, 저장 탱크, 사일로 등

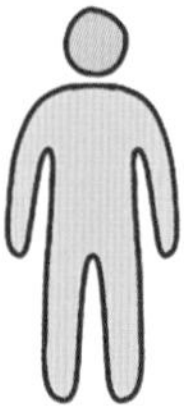

인적 위험

· 거주지 파괴
영구동토의 해빙으로 지반이 약해져요.
· 식수의 질 저하
영구동토에 갇혀 있던 오염 물질이 노출돼요.
· 옛 바이러스나 알려지지 않은 바이러스의 출현

요점 정리

최악의 시나리오는 2100년에 대기 중 이산화탄소 비율이
최대 100ppm 더 높아진다고 경고해요.
(현재 수치는 410ppm이에요.)

IPCC에서는 기후 시스템의 붕괴에 희망적인 결론을 내렸지만 300만~400만 명의
사람들과 해당 지역의 생태계는 이미 영구동토의 해빙으로 피해를 입고 있어요.

피해를 줄이려면 지금부터라도 온실기체 배출량을 줄여야 해요.

아마존의 산림 파괴는 기후에 어떤 영향을 주나요?

질문 17

아마존은 단순한 밀림이 아니에요.

세계에서 가장 큰 열대림이에요.

3억 9000만 그루의 나무가 자라요.

지구 전체 나무의 13%를 차지해요.

전 세계 열대림의 절반을 차지해요.

하지만 무엇보다

세계 생물다양성을

담고 있어요.

이곳에 사는 주민도

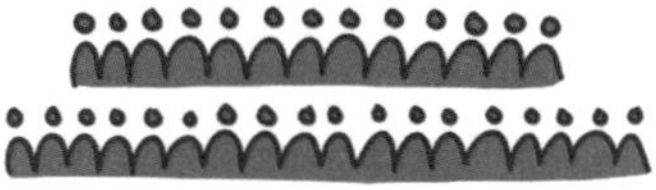

3400만 명이나 돼요.

산림 파괴의 변천사

아마존의 대규모 산림 벌채는 1960년대에 시작됐어요. 불도저나 전기톱 같은 효과적인 기술이 개발된 덕분이지요.

1970년에서 1980년까지 산림 벌채 속도는 농업 보조금과 기반 시설(고속도로, 댐, 광산 등) 건설 계획으로 더 빨라졌어요.

2005년에서 2012년까지 브라질은 산림 벌채의 비중을 낮추기 위한 법률을 시행해 개간을 80% 줄였어요.

자이르 보우소나루가 대통령(2019~2022년 재임)에 선출되기 전까지는요.

보우소나루 대통령은 2018년과 2019년에 산림 벌채 비중을 85% 증가시켰어요.

아마존 산림 파괴의 결과

물의 순환 교란과 이상기후 증가

나무가 적어지면 식물의 호흡으로 인한 수증기의 증산이 적어져서
비가 오는 날이 줄어들 거예요.

산림 파괴 이후에는 건조한 날이 훨씬 길어질 거예요. 이러한 변화는 하천과 수생생물에 영향을 미쳐요. 또 홍수의 규모는 더 커질 거예요.

이산화탄소 배출 증가와 지구온난화

산림 벌채로 이산화탄소 배출량이 증가하고(지난 10년간 141억 톤) 나무의 이산화탄소 흡수량은 줄어들어요.

주민의 위험 증가와 생물다양성 감소

모든 주민은 주변 환경과 그 환경의 생물다양성 덕분에 살아가요.
산림이 파괴되면 원주민들은 생존을 위해 고향을 떠나 다른 곳으로 이주해야 해요.
이미 그런 일이 벌어지고 있어요.

아마존은 티핑 포인트를 이미 넘어섰을까요?

티핑 포인트는 전 세계나 한 지역의 기후가 안정기에서 새로운 안정기로 넘어가는 시점이에요.

아마존에서 가능한 티핑 포인트는 열대림이 사바나 초원으로 바뀌는 것이에요.

기후 모델에서 내놓은 예측은 다음과 같아요.

기후변화가 없을 때
+
아마존의 산림 40% 파괴

→ 아마존 북부와 남동부에서 티핑 포인트 발생

기후변화가 있을 때
+
아마존의 산림 20~25% 파괴

→ 아마존 밀림의 50~60%가 사바나 초원으로 변형

기후변화(특히 가뭄 증가)와 산림 벌채가 동시에 일어날 때
밀림이 초원으로 바뀔 가능성이 커져요.

최악의 상황을 피하기 위한 해결책

아마존 밀림이 초원으로 변하지 않게 만들 구체적인 해결책이 있어요.

소 사육, 콩과 야자수, 커피 재배 등
집약 농업을 줄여요.

숲에 있는 광산 개발도 줄여요.

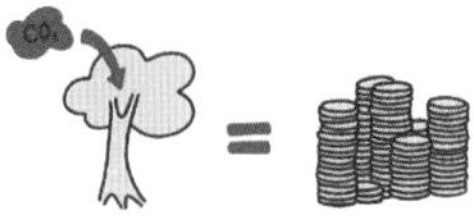

숲에 저장된 이산화탄소에 화폐적 가치를 부여해서
개발도상국이 숲을 개발하지 않도록 해요.

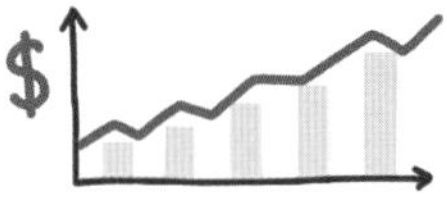

원자재 거래 등 금융 산업을 규제해요.

아마존을 인류의 생존에 필요한 공유 재산으로 지정해요. 아마존은
밀림이 위치한 아홉 개 국가의 소유물이 아니에요.

요점 정리

40년 만에 아마존 밀림의 17%가 사라졌어요.

아마존은 인간이 배출하는 이산화탄소를 흡수하는 탄소 흡수원이고
그렇게 해서 지구온난화를 줄이는 데 기여해요.

산림 파괴와 지구온난화는 아마존이라는 탄소 흡수원의 기능을 약화시켜서 물의 순환,
생물다양성 그리고 이곳에 거주하는 주민 수백만 명의 삶을 위협해요.

아마존 밀림의 일부가 사바나 초원으로 변하는 티핑 포인트가 발생할 수도 있지만
우리에게는 피할 수 있는 물적 수단과 정치적 해결책이 남아 있어요.

남극은 티핑 포인트에 도달하나요?

질문 18

남극은 인간의 손길이 (거의) 닿지 않은 유일한 대륙이에요.

19세기에 발견된 남극은 가장 건조하고 가장 추우며 가장 바람이 많이 부는 대륙이에요.
남극은 여름에도 평균 기온이 영하 20℃까지 내려가고 나머지 계절에는 영하 60℃예요.

142만㎢의 얼음으로 덮여 있어요.

빙모의 평균 두께는 2160m예요.

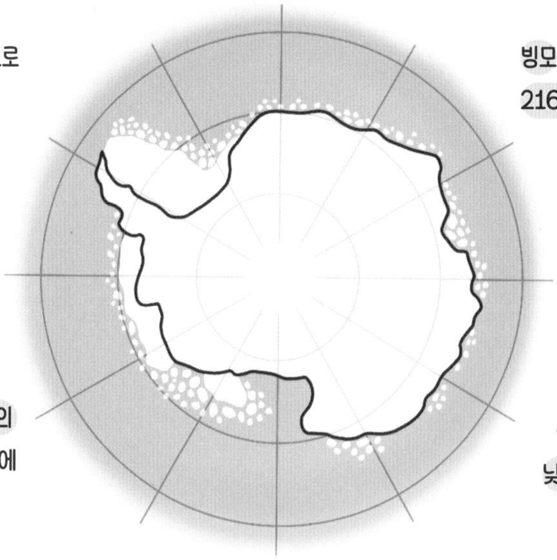

면적의 98%가 얼음으로 뒤덮여 있어요.

평균 고도가 매우 높아요.

전 세계 담수의 80%가 이곳에 있어요.

생물다양성이 낮고 사람이 살지 않아요.

남극 대륙은 1959년부터 54개국이 체결한 남극조약으로 보호받고 있어요.

남극조약은 어떤 나라도 대륙에 대한 영유권을 요구하지 못하고 독단적으로 남극을 탐험하거나 개발할 수 없게 했어요.

1991년 이후 남극은 자연 보전 지역이자 평화와 고요의 땅으로 인정됐어요.

남극의 빙모는 어떻게 변하고 있을까요?

남극에서 벌어지는 일을 이해하려면 다음의 세 가지를 봐야 해요.

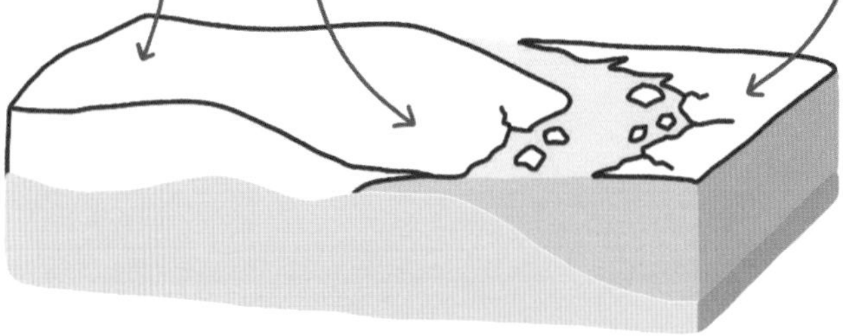

*빙모 가장자리에 있던 얼음이 바다까지 흘러 내려와 떠다니면서 평평한 얼음덩어리를 형성해요.

IPCC의 최근 보고서에 따르면

빙모는 1990년대 말부터 많이 사라졌어요.

빙붕은 지구온난화에 취약해요.

남극 유빙의 면적은 안정적이에요.

남극에서 빙모가 사라지면 어떻게 될까요?

빙모의 해빙은 많은 영향을 미쳐요. 아마 수억 명의 사람이 피해를 입을 거예요.
가장 큰 영향 두 가지는 다음과 같아요.

해수면 상승

해수면 상승은 대륙의 얼음, 빙하, 극지방의 빙모가 녹아서 생긴 가장 큰 결과예요.

남극의 빙모가 (수천 년에 걸쳐) 완전히 사라지면 해수면은 지금보다 50m 상승할 거예요.

빙하의 붕괴

바다에 면한 빙하의 끝단이 떨어져 나가면서 빙산이 만들어져요.
지구온난화로 그 속도는 더 빨라졌어요.

최근 세계 최대 규모의 빙산이 만들어졌어요.
그 면적만 해도 4320㎢나 돼요.

남극도 티핑 포인트를 지났을까요?

아마존과 마찬가지로 이 문제는 아주 복합적이어서 “네” “아니요”로 답할 수 없어요.

가장 많이 언급되는(여러 티핑 포인트가 있으니까요) 것은
남극 서부 지역의 티핑 포인트예요.

"남극 서쪽의 빙모가 붕괴되는 현상은 세계 기후의 티핑 포인트 중 하나로 인정된다. 이 현상은 빙붕의 윗부분이 갈라지고 얼음이 점점 더 많이 바다로 흘러내리기 때문에 발생한다."

다음은 남극에서 나타난 모든 티핑 포인트예요.

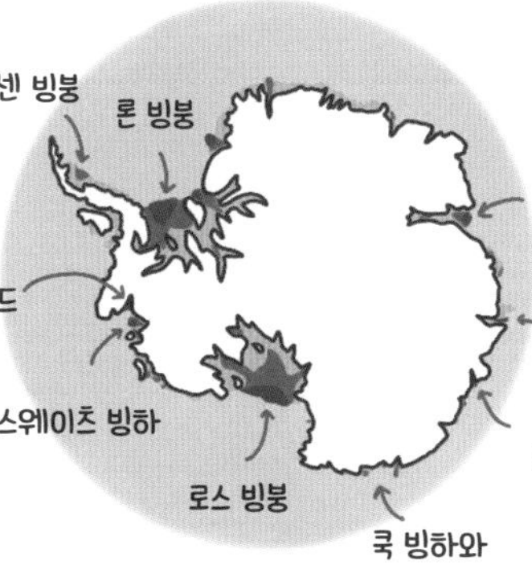

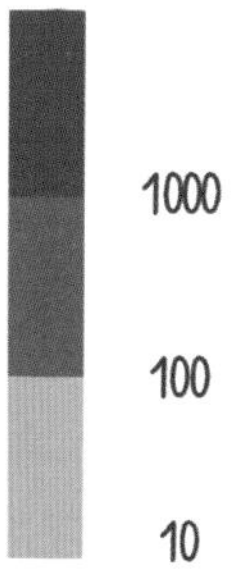

빙모는 워낙 복잡해서 정확히 언제 티핑 포인트가 올지 예측하기는 어려워요. 하지만 티핑 포인트가 온다는 사실은 거의 확실해요.

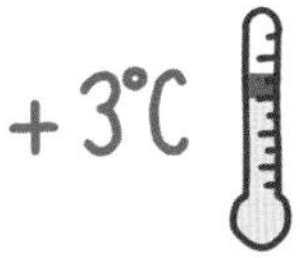

기온이 3℃ 이상 상승하면 피해는 돌이킬 수 없을 거예요. 앞으로 2000년 동안 해수면은 3m 상승할 거예요. 하지만 기온 상승이 3℃에 못 미쳐도 이런 일이 일어날 수 있어요.

요점 정리

남극 대부분을 뒤덮고 있는 빙모는 1990년대 말부터 대량으로 유실되고 있어요.
현재 남극의 질량은 연간 175~225기가톤씩 줄어들고 있어요.

기후에 관한 어떤 시나리오를 살펴봐도 남극 빙모는
조금씩 변화하고 있어요. 이는 기후 관성과 빙하가 기후변화에 반응하는 속도가
매우 느리기 때문이에요.

티핑 포인트가 온다는 사실은 거의 확실해요. 문제는 그것이 언제 오느냐예요.

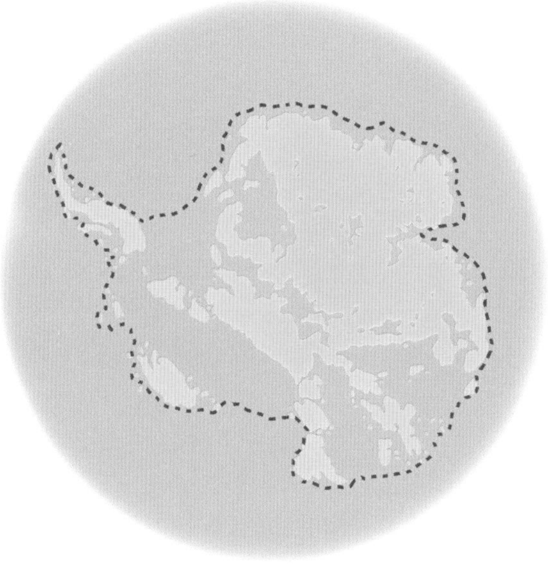

인간은 기후변화에 적응할 수 있을까요?

질문 19

'적응'한다는 것은 무엇일까요?

적응이란 사회나 개인이 혼란에 맞서는 능력, 충격을 받은 이후
다시 일어서는 능력을 말해요.

'올바른' 적응은 전 세계 사람이 생계 수단과 생활 수준을 유지할 수 있어야 해요.

적응에는 시간이 걸려요.

적응은 재앙과 같은 사건이나 실수에 맞서 오랫동안 학습한 결과예요. 인류는 사회와 거주지를 변화시키고 관습을 바꾸며 기술적 해결책을 개발하는 데 수백 년이 걸렸어요.

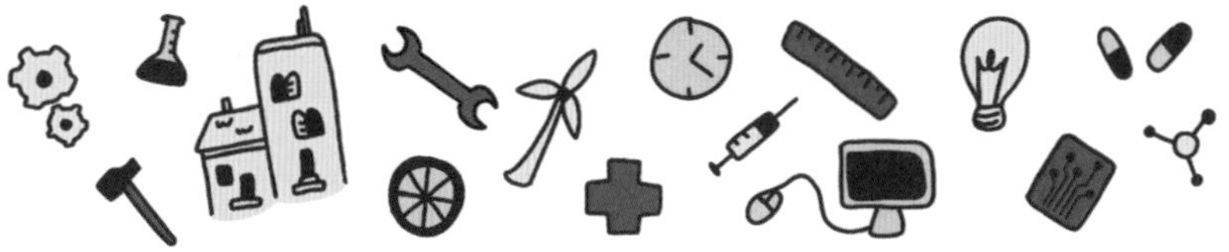

과학과 기술의 발전으로 재앙에 더 잘 맞서게 됐지만 수십만 명의 죽음을 막을 수는 없었어요.

사회적 혁신과 기술 혁신이 확산되는 양상은 다양하고 인적, 사회적, 경제적으로 큰 비용을 치러야 해요.

우리에게는 시간이 많지 않아요.

문제는 기후가 생각보다 빨리 변하고 최고 기록을 계속 갈아치운다는 점이에요. 그리고 전 세계에 인적, 환경적, 경제적 손실을 입힌다는 사실이 중요해요.

지구의 기온은 이제 '겨우' 1.1℃ 올랐을 뿐인데 말이에요.

모두가 적응할 수 있을까요?

최근 일어난 기후 재앙은 적응 능력이 개인뿐만 아니라 지역별로도 다르다는 것을 보여주었어요.

연령, 성별, 소득, 교육, 건강 상태에 따라 불평등이 나타나요.

한 국가 내에서 그리고 국가별로도 불평등이 나타나요.

"인간은 늘 적응해 왔다"라는 주장은 누가 했을까요?

과학계의 경고에도 이런 거짓 주장이 널리 퍼져 있어요. 그건 아마도 누군가에게 도움이 되기 때문이겠지요?

어떤 기업(또는 개인)은 인류가 적응할 것인가보다 어떤 노력을 해야 하고 그 비용은 누가 낼 것인가가 더 중요해요.

그래서 단기간에 아무것도 변하지 않는 것이 경제적으로 더 이익이에요.

정치인들도 중장기적으로 적응에 투자하는 것은 소용없다고 여겨요. 자신들이 취한 행동의 결실을 후임 정치인들이 보게 될 테니까요. "아무튼 인류는 항상 적응해 왔다"라고 유권자들에게 말하며 안심시키는 일이 더 간단하지요.

"아무튼 인류는 항상 적응해 왔다"라고 말하는 사람들은 과거 인간 사회가 자연의 변화로 인해 겪은 혼란을 무시해요.

마갈리 레게자
지리학자이자
프랑스 고등기후위원회 위원

기술적 해결책

오늘날에는 과거에 상상할 수 없었던 기술적 해결책이 있어요. 그래서 '이런 현상을 막을 수 없다면 이상할 것' 이라고 생각하지요.

다비드 퓌자다스
언론인

맞아요. 하지만…

기술 적응에는 수십 년, 때로는 수백 년이 걸려요.

기술적 해결책이 있더라도 정치인과 경제인 그리고 시민들이 그것을 받아들여야 실행될 수 있어요.

예를 들어 백신은 질병을 물리칠 수 있어요.

하지만 정부와 제약회사, 시민들이 참여하지 않는다면 아무런 소용이 없어요.

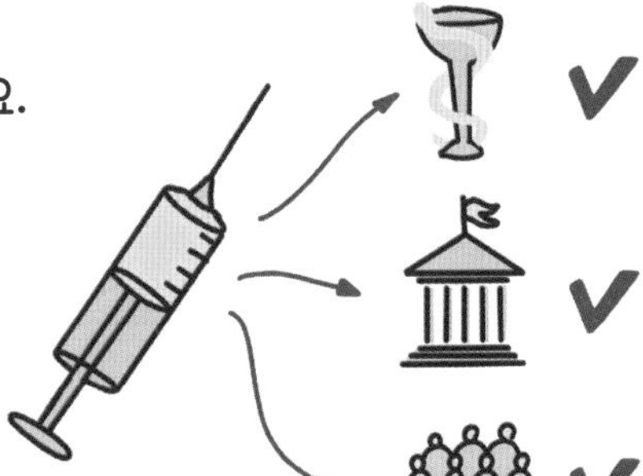

요점 정리

적응은 기후변화의 부정적 영향을 줄이는 데 중요해요.

하지만

그것이 온실기체 배출량을 줄이려는
노력을 멈추는 핑계가 되면 안 돼요.

적응을 위한 행동에 나서는 것을 1년 늦출 때마다
더 많은 사람의 생존과 행복이 멀어져요.

우리는 지구온난화에 대비하고 있나요?

질문 20

앞으로 20년 뒤에 지구는 어떻게 변할까요?

지구의 평균 기온은 2100년에는 지금보다 2~5.7℃ 올라갈 거예요.
(예측 모델에 따라 달라요.)

프랑스 고등기후평의회(HCC)에서는 기온이 2.6℃ 상승하면 어떤 일이 벌어질지 연구했어요. 그리고 2040년에는 다음과 같은 일들이 벌어질지도 모른다고 발표했어요.

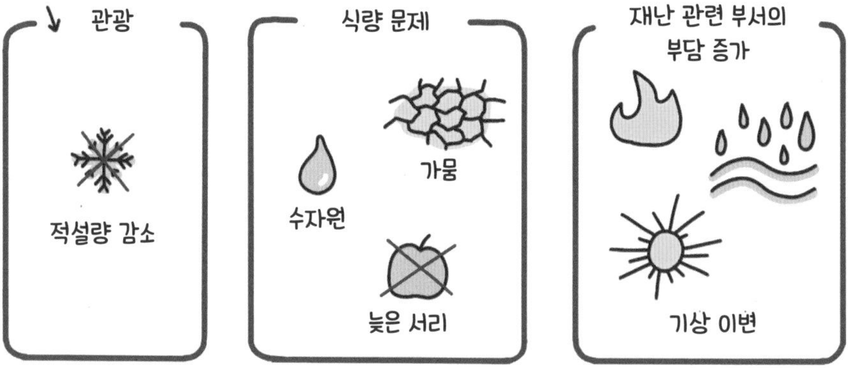

그렇다면 누가 어떤 피해를 볼까요?

재앙이 일어나면 사망자와 부상자가 발생하고 재산과 기간 시설이 손실을 입어요.
보험사들은 2050년에 재난이 적어도 50%는 증가하고 그중 30~40%는 기후변화가 원인이라고 예측해요.

기후변화는 농업, 산업, 에너지, 화학, 유통, 관광, 금융 등 많은 경제 분야에 영향을 미칠 거예요.
(이미 미치고 있기도 해요.)

기후가 변하면 우리의 일상이 크게 달라져요. 건강이 나빠지거나 시험이 연기되고 야외 운동을 못 할 수도 있어요. 학교 가는 날도 줄어들고요.

적응 = 행동?

많은 나라들이 위험을 알면서도 재앙이 닥치기 전까지는 이를 막기 위해 아무런 행동도 하지 않아요.

2010년 프랑스에서는 태풍 신시아가 불어닥쳐 사람들이 사망한 뒤에야 해양 침수 대책이 마련됐어요.

기후변화를 줄이려는 노력(완화)만큼 적응도 필요해요.

기온이 2℃ 상승했을 때와 4℃ 상승했을 때는 적응을 위해 기울여야 할 노력이 달라질 거예요. 적응에 성공하는 것은 완화에 달려 있고, 완화에 성공하는 것은 적응에 달려 있어요.

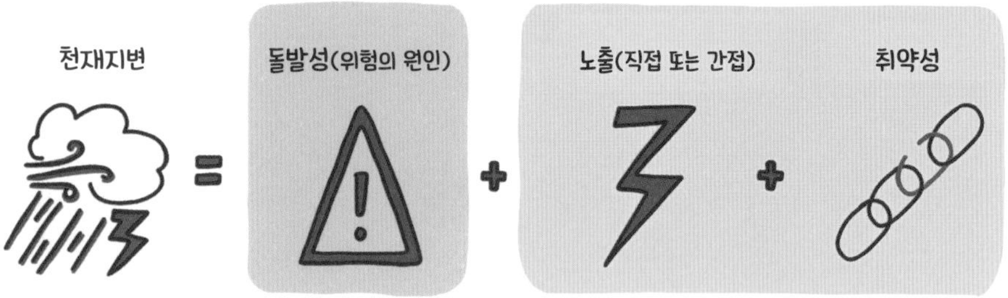

완화는 돌발성의 주기와 강도를 억제하는 효과가 있어요.

적응은 노출과 취약성을 줄이는 효과가 있어요.

요약 정리

시민들의 몫도 있지만 적응은 개인 차원에서 다룰 문제가 아니에요.

무엇보다 제대로 된 전략을 마련해야 해요.
그 전략에는 다음과 같은 내용이 들어가야 해요.

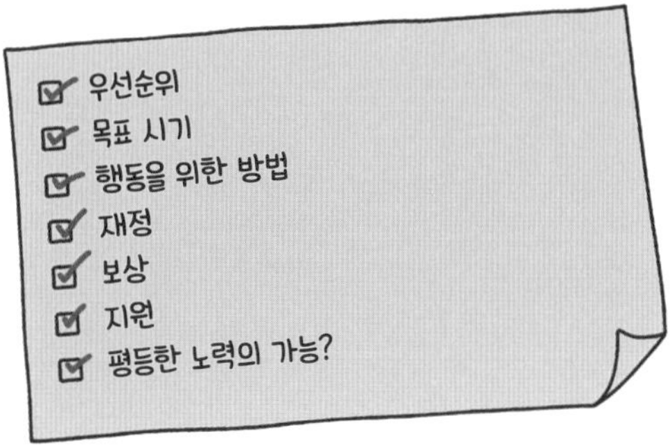

작가 소개

기획

장프랑수아 두생 _ 프랑스 국립우주과학연구소(INSU) 과학부국장

파리에스트 크레테유 대학교수인 장프랑수아 두생은 대기화학 전문가입니다. 대기의 구성, 기후에 영향을 미치는 현상과 관련된 대기 오염물질의 변환 및 물리적·화학적 성질에 관심이 많아요. 프랑스 국립우주과학연구소에서는 해양·대기 연구부의 과학부국장을 맡고 있으며 기후변화 연구를 가장 활발히 하는 연구소들의 활동을 살펴보고 있습니다.

지은이

안 브레스 _ 프랑스 국립우주과학연구소 과학 대중화 담당

프랑스 국립과학연구소 산하 국립우주과학연구소는 우주의 생성과 진화뿐만 아니라 지구를 비롯한 여러 행성을 지배하는 물리적 현상을 연구합니다. 지구의 거주 가능성, 즉 기후도 연구 주제에 포함돼요. 이 연구소에서 커뮤니케이션을 담당하고 있는 안 브레스는 과학계에서 오랫동안 이 일을 해왔습니다. 2021년 초 기후변화에 관한 가짜 뉴스 확산에 우려를 나타낸 여러 과학자들과 함께 편견을 깨기 위한 한 프로젝트를 시작했어요. 봉포트라는 이름으로 활동하는 토마 바그네르와 함께 일하자는 생각도 이 과학자들에게서 나왔습니다. 토마 바그네르의 확고한 스타일, 유머, 과학 단체와는 비교할 수 없는 대중적 영향력이 그의 부정할 수 없는 강점입니다. 시각적 커뮤니케이션이 과학적 주장을 더 잘 뒷받침해 주고 더 많은 사람에게 다가갈 수 있는 효과적인 수단이라는 사실을 깨달은 안 브레스는 클레르 마르크에게 글을 넘겨서 그 내용을 반영하는 그림을 제작했습니다. 클레르 마르크가 연구자였던 것도 도움이 됐습니다. 이렇게 만든 글과 그림은 봉포트의 사이트에 2주일마다 1개씩 게시됐습니다. 매번 자료를 종합하기 위해

주제와 관련된 전문가들에게 도움을 청했고, 그다음에는 만화 형식으로 글을 재구성했습니다. 이는 프랑스 국립우주과학연구소 사이트에서도 볼 수 있습니다. 이 방법이 금세 성공을 거두어 교사들도 관심을 가졌고 결국 책으로 다시 태어났습니다.

봉포트 _ 토마 바그네르 과학 대중화 전문가

금융 분야에서 일하다가 5년 전에 환경 분야로 활동을 급선회했습니다. 문제를 제대로 파악하지 않으면 효과적인 해결책을 제시할 수 없다는 것을 깨달은 토마 바그네르는 Bonpote.com을 만들어 기후 문제를 쉽게 설명합니다. 이 사이트에 게시된 많은 글과 인포그래픽은 초보자부터 전문가까지 누구에게나 도움이 됩니다. 기후와 환경에 관련된 모든 것을 더 잘 이해하게 하고, 무엇보다 실천으로 옮기는 데 도움을 줍니다.

그린이

클레르 마르크 _ 메뒤즈 코뮈니카시옹 과학 대중화&그래픽

해양학과 과학 대중화 석사 학위를 가진 클레르 마르크는 과학자들과 대중의 사이가 무척 멀다는 것을 깨달았습니다. 그래서 과학 대중화를 위한 에이전시 메뒤즈 코뮈니카시옹Méduse Communication을 만들었어요. 메뒤즈 코뮈니카시옹은 사람들이 과학을 다시 배울 수 있도록 도와줘요. 어떻게 하느냐고요? 과학 전문가들이 연구 결과를 발표할 때 대중에게 더 잘 전달될 수 있도록 도우면서요. 클레르 마르크의 전문 분야는 과학 논문을 시각적으로 종합한 그래픽 자료를 만드는 일이에요.

감사의 글

이 책에 과학적 내용을 제공해 준 모든 연구자에게 감사의 말을 전합니다.

지구온난화에 과학적 합의가 되었나요?

장 주젤 고기후학자. 2002~2015년 IPCC 과학자 그룹 부회장 역임

기상과 기후의 차이는 무엇인가요?

장 주젤과 프랑수아마리 브레옹 기후환경과학연구소(LSCE-IPSL) 연구원

기후가 늘 변해온 게 사실일까요?

파스칼 브라코노 기후환경과학연구소 연구원

이산화탄소와 기후변화는 어떤 관련이 있나요?

로랑 봅 기후연구소(LMD-IPSL) 연구원

필리프 펠랭 기후환경과학연구소 연구원

기후변화는 빙하에 어떤 영향을 미치나요?

뱅상 조멜리 유럽환경지구과학연구교육센터(CEREGE) 연구원

멜리나 르 루아 환경과학연구소(ISE) 연구원(제네바 대학교 소속) 및 환경역학산악영토연구소(EDYTEM, 사부아 대학교 소속)

사뮈엘 모랭 국립기후연구소(CNRM, 기상청 소속) 연구원 및 IPCC 편집위원

앙투안 라바텔 환경지질학연구소(IGE, 그르노블 알프 대학교) 연구원

피에르 발라 지구과학연구소(ISTERRE, 국립과학연구소 소속) 연구원

북극곰은 기후변화의 피해자가 맞나요?

오드 랄리 프랑스 국립자연사박물관 연구원

지구온난화는 왜 해수면을 상승시키나요?

아니 카제나브 지구물리해양학연구소(LEGOS, 국립과학연구소 소속) 연구원, 과학원 회원, IPCC 제5차 보고서에서 〈해수면 상승〉 꼭지의 공동 저자

기후변화는 왜 해양의 산성화를 일으키나요?

장피에르 가튀소 빌프랑슈-쉬르-메르 해양학연구소(LOV, 국립과학연구소 산하) 연구원

멕시코 만류와 역전순환류가 기후변화에서 우리를 구해줄 수 있나요?

쥘리 데자예 해양학기후연구소(LOCEAN, 국립과학연구소 소속) 연구원

쥘리에트 미뇨 해양학기후연구소(개발조사연구소[IRD] 소속) 연구원

디디에 스윙도우 해양 및 대륙 환경과 고환경 연구소(EPOC, 국립과학연구소 소속) 연구원

지구온난화 때문에 가뭄이 더 자주 발생할 수도 있나요?

이브 트랑블레 몽펠리에수질관리연구소(HSM, 개발조사연구소 소속) 연구원

기후변화로 폭염이 더 잦아질까요?

파비오 당드레아 국립과학연구소 연구원 및 기후연구소 부소장

기후변화 때문에 태풍이 더 많이 발생하나요?

카롤린 뮐레 기후연구소(국립과학연구소 소속) 연구원

홍수와 기후변화는 관련이 있나요?

플로랑스 아베 고등사범학교(ENS) 산하 지질학연구소의 수문기상학 주임연구원 및 고등사범학교 교수

대형 산불도 기후변화와 관련이 있나요?

소피 고댕베크만 국립우주과학연구소 과학 부문 부소장 및 우주대기관측연구소(LATMOS) 연구원

솔렌 튀르케티 기상연구소 교원 겸 연구원

기후 모델이란 무엇인가요?

마리알리스 푸졸 국립과학연구소 소속 엔지니어 및 피에르시몽라플라스연구소(IPSL) 기후모델화팀 기술팀장

영구동토 해빙은 기후 위기를 가속화시킬까요?

플로랑 도미네 퀘벡에 소재한 타쿠비크 프랑스-캐나다공동연구소의 지구과학자

아마존의 산림 파괴는 기후에 어떤 영향을 주나요?

에밀리 조에체르 국립농업식품환경연구소(INRAE) 연구원

남극은 티핑 포인트에 도달하나요?

카트린 리츠 환경지구과학연구소 연구원

인간은 기후변화에 적응할 수 있을까요? | 우리는 지구온난화에 대비하고 있나요?

마갈리 레게자 지리학자이자 기후고등위원회 회원

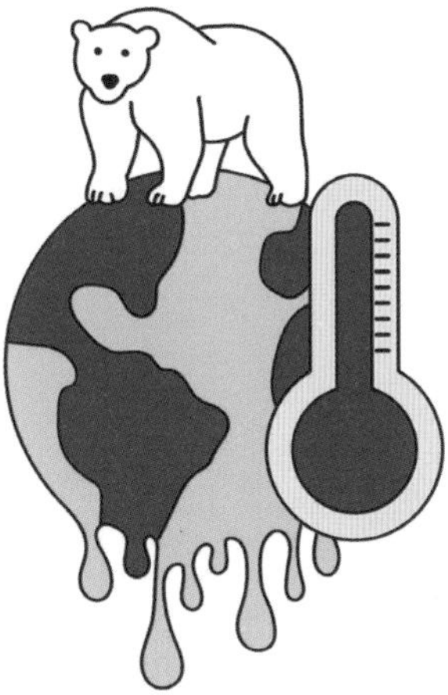